Rudolf Leuckart

Untersuchungen über Trichina Spiralis

Zugleich ein Beitrag zur Kenntnis der Wurmkrankheiten

Rudolf Leuckart

Untersuchungen über Trichina Spiralis
Zugleich ein Beitrag zur Kenntnis der Wurmkrankheiten

ISBN/EAN: 9783743458635

Hergestellt in Europa, USA, Kanada, Australien, Japan

Cover: Foto ©berggeist007 / pixelio.de

Manufactured and distributed by brebook publishing software
(www.brebook.com)

Rudolf Leuckart

Untersuchungen über Trichina Spiralis

UNTERSUCHUNGEN

ÜBER

TRICHINA SPIRALIS.

ZUGLEICH EIN BEITRAG

ZUR

KENNTNISS DER WURMKRANKHEITEN.

Von

RUDOLF LEUCKART,

Dr. der Medicin und Philosophie, o. ö. Professor der Zoologie und vergleichenden Anatomie, so wie Director des zoologischen Institutes an der Ludwigs-Universität zu Giessen, Ritter des Grossherzogl. Hessischen Verdienstordens Philipps des Grossmüthigen und des Kaiserl. Russischen St. Stanislausordens II. Cl., auswärtigem Mitglied der holländischen Gesellschaft der Wissenschaften zu Harlem, Ehrenmitgl. der Königl. Societät zu Edinburg, Mitglied der Kaiserl. Leopoldinisch-Carolinischen Akademie der Naturforscher, der Kaiserl. Gesellschaft der Naturforscher zu Moskau, Correspondenten der Kaiserlichen Akademie der Wissenschaften zu St. Petersburg, der Königl. Societät der Wissenschaften zu Göttingen, der K. K. geologischen Reichsanstalt zu Wien, der naturforschenden Gesellschaften zu Halle, Bonn, Frankfurt, Hanau, Mainz, Wiesbaden, Hamburg, der anthropologischen Gesellschaft zu London, des Vereins deutscher Aerzte in Paris, Ehrenmitglied der ethnologischen Gesellschaft zu London, der zoologischen Gesellschaft zu Hamburg u. s. w.

Mit zwei Kupfertafeln und sieben Holzschnitten.

Zweite stark vermehrte und umgearbeitete Auflage.

LEIPZIG UND HEIDELBERG.

C. F. WINTER'SCHE VERLAGSHANDLUNG.

1866.

.

Vorwort.

Als mir die verehrliche C. F. Winter'sche Verlagshandlung vor einiger Zeit die Mittheilung machte, dass meine „Untersuchungen über Trichina spiralis" von Neuem aufgelegt werden müssten, da war ich lange zweifelhaft, ob ich das Werk in seiner früheren Fassung dem Publikum wieder vorführen oder gänzlich umarbeiten sollte. Natürlich konnte dabei nur der experimentelle Theil, der die Naturgeschichte der Trichinen behandelte, in Frage kommen. Was über die klinische Bedeutung unserer Parasiten und die praktischen Beziehungen der Trichinenfrage überhaupt hinzuzufügen war, musste durchaus neu gearbeitet werden, da vor sechs Jahren, als die erste Auflage meiner Abhandlung erschien und zum ersten Male den Bau und die Lebensgeschichte dieser kleinen Schmarotzer vollständig kennen lehrte, darüber kaum mehr als einzelne Andeutungen gegeben werden konnten. Wer hätte damals auch geahnt, dass die Trichinen berufen waren, gleich einem welthistorischen Ereignisse tief in die Zustände und Verhältnisse des menschlichen Lebens einzugreifen.

Wenn ich mich schliesslich dahin entschied, den experimentellen Theil meiner Abhandlung in seiner früheren Form beizubehalten und der späteren eigenen, wie fremden Forschung durch passende Veränderungen und Zusätze

Rechnung zu tragen, so leitete mich dabei namentlich der Wunsch, meinem Werke seinen früheren originalen Charakter zu erhalten.

Man wird mich, denke ich, darob um so weniger tadeln, als meine Abhandlung in der Geschichte unserer Kenntnisse von der Trichina spiralis eine Stelle einnimmt, die ich ihr auch in der zweiten Auflage bewahrt wissen möchte.

Giessen, Anfang März 1866.

Dr. Leuckart.

Inhalt.

Historisches.

Im Jahre 1832 fand der Demonstrator der Anatomie an dem Guy-Hospital zu London J. Hilton in den Brustmuskeln eines am Krebs verstorbenen siebenzigjährigen Mannes eine unzählige Menge kleiner weisser Körperchen, die sich bei näherer Untersuchung als ovale, zwischen die Muskelfasern eingelagerte Cysten ergaben[*]). Hilton hielt diese Körperchen für kleine Blasenwürmer und dafür galten sie so lange, bis der berühmte Zoologe und Anatom R. Owen bei Gelegenheit eines spätern Falles (1835) die Entdeckung machte[**]), dass im Innern der Cysten ein fadenförmiger, in mehrfachen Spiraltouren aufgerollter kleiner Wurm enthalten sei, der eine eigene Thierform darstelle und in mancher Beziehung den als Essigälchen bekannten, damals freilich mit anderen durchaus verschiedenen Organismen (Vibrionen) den Infusorien zugezählten kleinen Spulwürmern verwandt zu sein scheine. Der neu entdeckte Parasit erhielt wegen seiner Feinheit und Aufrollung den Namen Trichina spiralis[***]).

Das Fleisch, in dem Owen den Wurm zuerst entdeckte, stammte von der Leiche eines Italieners, der in dem Londoner St. Bartholomäus-Hospitale, wo die Hilton'schen Cysten inzwischen mehrfach zur Beobachtung gekommen waren, an Bright'scher Nierenkrankheit und Lungentuberculose zu Grunde ging. Die Kapseln wurden von dem damaligen Studenten Paget aufgefunden. Sie waren so fest, dass die Präparirmesser daran alsbald stumpf wurden. Paget vermuthete übrigens schon damals, dass darin kleine Parasiten enthalten seien. Mit Hülfe der Conservatoren des Brittischen Museums Brown und Bennet untersuchte er auch das Fleisch mikroskopisch und überzeugte sich dabei selbstständig von der Richtigkeit seiner Vermuthung.

Es giebt nur wenige Entdeckungen auf dem Gebiete der Helminthologie, die unter den Fachmännern, besonders den Anatomen und Aerzten, ein so gewaltiges Aufsehen gemacht hätten, wie die Entdeckung unserer Trichinen. Handelte es sich hier doch nicht bloss um einen bisher unbekannten menschlichen Parasiten, sondern fast noch mehr um die Thatsache,

---

[*]) Notes of a peculiar appearence observed in human muscle probably depending upon the formation of very small cysticerci, by Hilton, London med. gaz. 1833. Vol. XI. pag. 605.

[**]) London and Edinb. phil. Magazin 1835, später und ausführlicher: Description of a microscopic entozoon infesting the muscle of the human body by R. Owen in den Transact. Zool. Soc. T. I. p. 315. Mit Abbild.

[***]) Die Diagnose, welche Owen seinem Wurme gab, lautet folgendermassen: Gen. Trichina. Animal pellucidum, filiforme, teres, postice attenuatum; ore lineari, ano discreto nullo, tubo intestinali genitalibusque inconspicuis. (In vesica externa cellulosa elastica, plerumque solitarium.) Sp. Trichina spiralis. Minutissima, spiraliter, raro flexuose incurva; capite obtuso, collo nullo, cauda attenuata obtusa. (Vesica externa elliptica extremitatibus plerumque attenuatis elongatis.) Auf das Unzureichende dieser Diagnose brauche ich kaum ausdrücklich aufmerksam zu machen.

dass dieser Parasit zu Millionen, in einer bisher also ganz unerhörten Menge, den menschlichen Leib bewohnte.

Die Owen'sche Beschreibung ging in fast alle gelehrten Zeitschriften über*) und bewirkte, dass von jetzt an bei den Sectionen, namentlich auf den anatomischen Theatern, eifrigst nach dem interessanten Parasiten gesucht ward. Die Beobachtungen mehrten sich, zunächst in England, der Art, dass bereits am Ende des folgenden Jahres über unseren Wurm nicht weniger als fünf verschiedene Mittheilungen vorlagen, von denen manche sogar über mehrere [die von Harrison**) z. B. über 6] Fälle berichteten.

Durch diese Beobachtungen fand zunächst die Angabe von Owen ihre Bestätigung, dass sich das Vorkommen der Trichinen ausschliesslich auf die quergestreiften Rumpfmuskeln beschränke. In den sog. unwillkürlichen Muskeln wurde niemals ein Wurm gefunden, selbst dann nicht, wenn die gesammte übrige Muskulatur damit durchsäet war. Eine besondere Beziehung zu Alter und Geschlecht schien sich nicht herauszustellen. Ebensowenig konnte ein Zusammenhang mit der Todesursache der betreffenden Individuen (Schwindsucht, Knochenfrass, Nierenentartung u. s. w.) nachgewiesen werden. Nur in einem einzigen, damals jedoch nur wenig beachteten Falle stieg dem Beobachter (H. Wood in Bristol) der Verdacht auf, dass die mit Lungen- und Herzbeutelentzündung combinirten rheumatischen Leiden, die nach dreiwöchentlicher Dauer den Tod herbeiführten, durch den Parasitismus der Trichinen bedingt wären***). Und dieser Fall verhielt sich auch insofern abweichend, als die Kapseln im Umkreis der Würmer nicht nachweisbar waren†), obwohl diese doch sonst nicht bloss überall leicht in die Augen fielen, sondern sich auch gewöhnlich durch eine grosse Festigkeit auszeichneten. Einen nähern Aufschluss über die Natur der Trichinen lieferte von allen diesen Mittheilungen nur eine einzige, und diese verdanken wir den Untersuchungen des auch sonst den Zoologen wohlbekannten A. Farre††).

Nach den Ansichten Owen's sollte sich unser Entozoon durch die Einfachheit seines Baues (Mangel eines vollständigen Darmapparates u. s. w.) an die niedrigsten thierischen Geschöpfe anschliessen und nur durch seine Lebensweise mit den Helminthen übereinstimmen. Dieser Annahme gegenüber dürfen wir es als einen bedeutungsvollen Fortschritt betrachten, als Farre durch die Entdeckung einer complicirten innern Organisation den Nachweis lieferte, dass der Zusammenstellung unseres Parasiten mit den übrigen Eingeweidewürmern und namentlich den in äusserer Form so nahe verwandten Spul- oder Rundwürmern in morphologischer Beziehung Nichts im Wege stehe. Es gelang den Untersuchungen des geschickten Beobachters nicht bloss, einen Darmkanal nachzuweisen, der geraden Weges den Körper des Wurmes durchsetzte und sich in drei auf einander folgende Abschnitte

---

*) In Deutschland z. B. in Müller's Archiv für Anat. und Physiol. 1835. S. 526, Froriep's Notizen 1835. N. 962, Schmidt's Jahrbücher für die gesammte Medicin 1836. IX. S. 376, Oken's Isis 1837, S. 236.

**) Dublin Journal 1835. Nr. 22.

***) London med. Gazette 1835 p. 190, Froriep's Notizen 1836. N. 975, Schmidt's Jahrbücher 1836. X. S. 50.

†) Wood zog daraus allerdings nicht den Schluss, dass die Kapseln in seinem Falle gefehlt hätten, sondern glaubte vielmehr seinen Befund durch den Mangel einer gehörigen Geschicklichkeit im Präpariren erklären zu müssen („my manipulation was not sufficiently skilful for the dissection of the cysti"), allein das thatsächliche Verhalten wird durch solche Deutung natürlich nicht im Geringsten geändert.

††) London med. gaz. 1835. p. 385 oder Froriep's Notizen 1836. N. 1035. Mit Abbild.

gliederte, unter denen namentlich der mittlere durch Länge und eigenthümliche „grimmdarm-artige" Bildung sich auszeichnete; derselbe machte auch weiter auf einen am Beginne dieses Darmtheiles in der Nähe des dickeren Körperendes gelegenen Körnerhaufen aufmerksam, den er als Ovarium anzusprechen geneigt war.

Aber nicht nur englische Forscher waren es, denen die Trichine vor Augen kam. Noch im Jahre 1835 konnte Henle, damals Prosector in Berlin, der in Müller's Archiv S. 526 übergegangenen ersten Mittheilung Owen's die Bemerkung hinzufügen, dass er schon im Winter 1834/35, also vor dem englischen Beobachter, Trichinenkapseln aufge-funden, damals aber für einfache Concretionen gehalten habe*), während er jetzt die im Innern derselben enthaltenen Würmer deutlich erkenne.

Ein Näheres hat Henle über unsere Parasiten nicht mitgetheilt. Desto ausführlicher aber waren die Angaben, die einige Jahre später von Bischoff über einen in Heidelberg zur Beobachtung gekommenen Fall gemacht wurden**). Neues von Bedeutung ward dadurch freilich dem bisher Bekannten nicht hinzugefügt. Was Bischoff brachte, war im Wesent-lichen eine Bestätigung der Darstellung, die schon Farre von der Organisation der Trichinen gegeben hatte. Nur in einem Punkte findet sich eine abweichende Auffassung, aber diese betrifft weniger den Wurm, als die Kapsel, die nach Bischoff nicht eine dem Wirthe angehö-rende accessorische Hülle darstellt, welche erst nachträglich durch Exsudation oder Verdich-tung des anliegenden Gewebes entsteht, wie die grössere Mehrzahl der früheren Beobachter geglaubt hatte, sondern als ein wesentlicher und integrirender Theil des Wurmes selbst zu betrachten ist.

Diese Auffassung von Bischoff wurde auch von anderen und späteren deutschen Beobachtern getheilt, von Vogel, der die Cyste für einen Cocon hielt***), und Luschka, der dieselbe als Embryonal- oder Eihülle zu betrachten geneigt war†). Freilich muss hin-zugesetzt werden, dass Letzterer diese Auffassung nur auf einen Theil der Kapsel übertrug, auf die innere Lamelle derselben, die er nach dem Vorgange Bischoff's für ein besonderes Gebilde hielt und von der übrigen Kapselwand unterschieden wissen wollte††). Die letztere sei das Produkt einer nachträglichen plastischen Exsudation und verdanke ihre Festigkeit einer massenhaften Ablagerung von kohlensaurem Kalke.

Die Annahme von der Eihüllennatur der sog. innern Cyste erhielt dadurch einige Stütze, dass Luschka in dem Zwischenraume zwischen ihr und dem eingeschlossenen Wurme eine dickliche Flüssigkeit fand, die nicht bloss feinkörnige Elementarkörner, sondern

---

*) Von manchen Seiten (Diesing, Küchenmeister, Davaine) wird angegeben, dass Tiedemann schon 1821, also lange vor Hilton, Trichinenkapseln gefunden habe, allein die angezogene Beobachtung (Froriep's Notizen I. N. 4. S. 64) betrifft „2—4 Linien lange grosse Concretionen, die nicht bloss zwischen den Muskelfasern, sondern häufig auch an den Arterienwänden gefunden wurden", also Bildungen, die keinenfalls auf Trichinenkapseln hindeuten.

**) Medicinische Annalen B. IV. 1840. S. 232. Mit Abbild.

***) Pathologische Anatomie des menschlichen Körpers. 1845. Th. I. S. 422.

†) Zeitschrift für wissenschaftliche Zoologie. 1851. Th. III. S. 73.

††) Farre und andere frühere Beobachter sprechen freilich gleichfalls von einer äusseren und inneren Cyste, aber diese sind den hier unterschiedenen keineswegs identisch. Die äussere Kapsel Farre's, die wir später noch näher kennen lernen werden, ist eine weiche Bindegewebshülle, in deren Innerem erst die ovale oder citronförmige Kalkschale gelegen ist.

auch grössere, rundliche oder elliptische Bläschen mit distinctem Kerne enthielt und einigermassen an den Dotterinhalt eines Eies erinnerte.

Die Untersuchungen L u s c h k a 's beschränkten sich übrigens nicht allein auf die Kapsel, sondern betrafen auch den Wurm im Innern und führten durch Beobachtung und aufmerksame Prüfung der von demselben ausgeführten Bewegungen zu der Erkenntniss, dass das schlankere Körperende als vorderes und nicht, wie man bisher allgemein *) angenommen hatte, als hinteres betrachtet werden müsse. In der Deutung der inneren Organisationsverhältnisse war L u s c h k a weniger glücklich, obwohl seine Beobachtungen auch hier insofern über die Angaben der früheren Forscher hinausgingen, als sie den Nachweis lieferten, dass der von F a r r e und B i s c h o f f beschriebene Körnerhaufen nicht frei in der Leibeshöhle liege, sondern einem besonderen neben dem Endstücke des Darmkanales hinlaufenden weiten Schlauche angehöre. In diesem Schlauche glaubte L u s c h k a das männliche Geschlechtsorgan der Trichinen gefunden zu haben, wie er denn ebenso geneigt war, den perlschnurförmigen breiten Schlauch der vordern Körperhälfte, den F a r r e als eine Art Grimmdarm beschrieben hatte, der aber nach L u s c h k a von dem eigentlichen Darmkanale, trotz inniger Verbindung mit demselben, verschieden sein sollte, als Bildungsstätte der Eier zu betrachten. Die Existenz besonderer Mund- und Afteröffnungen, die auch von den früheren Beobachtern nur unvollkommen gesehen worden, wurde geläugnet; sämmtliche Schläuche des Trichinenkörpers sollten blind endigen und durch eine eigenthümliche Klappenvorrichtung am hintern Leibesende ihren Inhalt entleeren.

Obwohl L u s c h k a seine Ansichten über die zoologische Natur der Trichinen nicht offen ausspricht, so erkennt man doch, dass er unsere Parasiten für vollkommen entwickelte, selbstständige Thiere hielt. Und das war auch die Ansicht der hier erwähnten frühern Beobachter (mit Ausnahme V o g e l ' s), namentlich auch des ersten Entdeckers der Trichinen O w e n ' s , sowie F a r r e ' s und B i s c h o f f ' s , also derjenigen Forscher, die wir bisher als die sorgfältigsten und genauesten Untersucher unserer Schmarotzer kennen gelernt haben. Freilich mussten Alle ohne Ausnahme gestehen, dass ihnen die Fortpflanzung der Trichinen und ihre erste Entstehung ein ungelöstes Räthsel sei. Manche hielten es für möglich, dass sich der Wurm durch Sprossung oder Theilung vermehre, indem ein Segment der Cyste sich abschnüre und eine neue bilde; Andere legten dem öfter (zuerst von F a r r e) beobachteten Vorkommen von zweien Würmern in derselben Cyste eine gewisse Bedeutung für die Fortpflanzung bei — aber Alles das konnte so wenig bewiesen werden, dass ein so bedächtiger und exacter Forscher, wie B i s c h o f f , zu der Bemerkung sich genöthigt sah: „Hier steht, glaube ich, die Generatio aequivoca noch immer fest, so sehr ihre Grenzen auch immer mehr eingeschränkt werden. Die blosse Kritik verirrt sich hier zu weit grössern Unbegreiflichkeiten, als die freiwillige Zeugung selbst darbietet"**).

Zur Zeit, als L u s c h k a seine Beobachtungen über die Trichinen publicirte, waren übrigens von anderer, gewichtiger Seite bereits mehrfache Zweifel an der specifischen Natur derselben laut geworden.

---

*) B i s c h o f f ist der Einzige, der einen leisen Zweifel über die Richtigkeit dieser Annahme laut werden lässt, indem er (a. a. O. S. 239) bemerkt: „der Analogie mit den meisten übrigen Nematoden nach sollte man übrigens den Mund an dem feinern Ende suchen."

**) A., a. O. S. 241.

5

Gestützt auf Untersuchungen an trichinenartigen, gleichfalls. eingekapselten Rundwürmern, gestützt auch auf die Analogie mit andern eingekapselten Helminthen, besonders den Blasenwürmern, deren genetische Beziehungen zu den Bandwürmern immer wahrscheinlicher wurden, hatten bereits im Jahre 1844 zwei der bedeutendsten Helminthologen, Dujardin*) und v. Siebold**), die Behauptung ausgesprochen, dass die Trichina spiralis in der bisher allein beobachteten Form den unentwickelten Jugendzustand eines anderen Rundwurmes darstelle, vielleicht sogar, wie v. Siebold vermuthete, von einem schon bekannten menschlichen Nematoden abstamme. „Es scheinen, so sagt v. Siebold***), diese encystirten jungen Nematoden — — †) ihre Cysten selbst zu verfertigen, und in diesem Zustande, gleich den eingewanderten und verpuppten Cercarien, darauf zu warten, dass sie nach anderen Wohnthieren übergepflanzt werden". Bei den im Menschen vorkommenden Trichinen schien allerdings die Möglichkeit einer solchen Ueberpflanzung nur gering zu sein. v. Siebold betrachtete diese desshalb denn auch als „verirrte junge Nematoden, die niemals ihr Ziel erreichen, in ihren Cysten absterben und schliesslich (wie das von Henle und anderen Beobachtern bemerkt war) durch Verkalkung in einen glasigen Zustand versetzt werden".

Im Ganzen brach sich diese Ansicht aber nur langsam Bahn. Es vergingen Jahre, und die ersten Vertreter derselben standen immer noch ziemlich allein.

Erst nachdem durch Küchenmeister's berühmte Experimente „über die Metamorphose der Finnen in Taenien"††) der thatsächliche Beweis geliefert war, dass die eingekapselten und geschlechtslosen Blasenwürmer wirklich nur die Jugendzustände gewisser Bandwürmer seien, begann das wissenschaftliche Urtheil über die Natur der Trichinen sich zu Gunsten der Dujardin-Siebold'schen Auffassung zu verändern. In der That war auch die Analogie mit den Finnen, besonders den Muskelfinnen, zu auffallend, als dass sie unbeachtet bleiben konnte. Auf der andern Seite standen allerdings zahlreiche und berühmte Forscher, die unsere Trichinen für geschlechtsreife Thiere erklärt hatten, aber auch die Blasenwürmer waren ja vielfach, und von nicht minder bedeutenden Autoritäten, ebenso beurtheilt worden. Was man Thatsächliches für diese Behauptung beigebracht hatte, konnte durchaus nicht als überzeugend angesehen werden, denn Eier und Samenkörperchen, an deren Nachweisung das wissenschaftliche Urtheil über die geschlechtliche Natur eines Thieres anknüpft, waren bisher noch von Niemand bei unserm Parasiten gesehen worden.

Die Ersten, welche diese neue Ansicht weiter durchzuführen und auf erfahrungsmässigem Wege zu begründen suchten, waren zwei englische Forscher, Bristowe und Rainey†††). Was Luschka als Ovarien in Anspruch genommen, erkannten dieselben als den Oesophagus, als ein Gebilde also, welches zu den Generationsorganen keine Beziehung habe. Auch in dem von Luschka als Hoden gedeuteten Schlauche wurde vergebens nach

---

*) Histoire naturelle des helminthes. p. 668.
**) Wagner's Handwörterbuch der Physiologie, Art. Parasiten. Bd. II. S. 668.
***) A. e. a. O.
†) Im Texte steht hier eingeschoben „welche auch in vielen andern Thieren angetroffen werden", allein dieser Zusatz beruht auf einer Verwechslung mit andern Formen, die v. Siebold in der Leibeshöhle verschiedener Säugethiere und Vögel beobachtet hatte. (Vergl. Arch. für Naturgeschichte 1838. 1. S. 312.)
††) Prager Vierteljahrsschrift 1852. S. 106.
†††) Transact. patholog. Society of London 1854. T. V. p. 278.

6

Geschlechtsprodukten gesucht. Dafür aber glaubten unsere Forscher bei genauerer Untersuchung mancherlei Unterschiede in dem Entwicklungsgrade der Würmer und ihrer Cysten beobachtet zu haben. Sie fanden namentlich zahlreiche Kapseln ohne Würmer und wurden dadurch auf die Idee gebracht, dass die Trichinencyste, ganz wie die Finnenblase, bei der Entwicklung des Keimes zuerst entstehe und den eigentlichen Wurm erst später erzeuge. Ueber die ausgebildete Form der Trichinen äussern sich unsere Forscher in Uebereinstimmung mit v. Siebold dahin, dass diese allem Vermuthen nach unter den menschlichen Darmwürmern zu suchen sei.

Es lag übrigens in dem natürlichen Entwicklungsgange unserer Kenntnisse und Forschungen begründet, dass die Frage nach dem ausgebildeten Zustande der Trichinen von jetzt an immer mehr in den Vordergrund trat. Sie ergab sich als ganz unabweisbar, nachdem einmal die Ueberzeugung durchgedrungen war, dass die in dem Muskelfleische eingekapselten Würmer blosse unvollständig entwickelte Jugendformen darstellten.

Zur Beantwortung dieser Frage lagen dem Forscher zwei Wege offen: eine vergleichende Prüfung der bei den Trichinen vorkommenden Organisationsverhältnisse und das Experiment — das letztere natürlich als die am sichersten entscheidende Instanz.

Unter den Organisationsverhältnissen der Trichinen besonders charakteristisch war nun zunächst die Bildung und Abtheilung des Darmkanales, vornämlich der ungewöhnlich lange und perlschnurförmige Oesophagus. Die Bedeutung dieses Organisationsmomentes musste um so grösser erscheinen, als es bekannt war, dass ein ganz ähnliches Gebilde auch bei einer Anzahl geschlechtsreifer Nematoden vorkomme. So namentlich bei den Genera Trichosoma und Trichocephalus, die auch in Körperform mit unserer Trichine eine gewisse Aehnlichkeit zur Schau trugen, gleich dieser wenigstens ebenfalls . einen langgestreckten, schlanken und auch theilweise (Trichocephalus) nach vorne zu verjüngten Körper besassen. Es war Veranlassung genug, den Vermuthungen der Zoologen in Betreff der Schicksale und Abstammung der Trichinen eine bestimmte Richtung zu geben.

Die Hindeutungen blieben auch nicht unbeachtet. Meissner erklärte es im Jahre 1855 *) für wahrscheinlich, dass Trichina spiralis die Larve eines Trichosoma sei, während Küchenmeister darin um dieselbe Zeit den Jugendzustand eines Trichocephalus, und zwar des menschlichen Trichocephalus dispar, gefunden zu haben glaubte**).

Küchenmeister gebührt jedenfalls das Verdienst, die innere Organisation der Trichinen mit dem Bau der übrigen Nematoden in Einklang gebracht und die Aehnlichkeit mit Trichocephalus im Einzelnen begründet zu haben. Er hob namentlich hervor, dass der von Luschka als Hoden beschriebene Schlauch die Anlage so gut des weiblichen, wie auch des männlichen Geschlechtsapparates in sich einschliesse und nach Lage wie Bildung leicht auf die entsprechenden Theile von Trichocephalus zurückgeführt werden könne. Der Nachweis von Mund und After war schon früher von Bristowe und Rainey für unsere Würmer (gegen Luschka) geführt worden, doch machte Küchenmeister zuerst darauf aufmerksam, dass der After bei Trichina, wie bei Trichocephalus, eine völlig terminale Lage habe.

*) Zeitschrift für rationelle Medicin. N. F. Bd. V. S. 248. Anm.
**) Menschliche Parasiten 1855. S. 269.

Dass zwischen Trichina und Trichocephalus eine grosse Aehnlichkeit obwalte, konnte nach den Auseinandersetzungen von Küchenmeister nicht länger bezweifelt werden. Aber damit war am Ende die völlige Identität beider Formen noch nicht bewiesen. Küchenmeister wusste seine Vermuthung indessen noch auf andere Weise zu stützen. Er erinnerte daran, dass nach den Beobachtungen von Leidy*) ein mit Trichina spiralis wahrscheinlich identischer Wurm auch im Muskelfleische des Schweines vorkomme, und fügte hinzu, dass in Nord-Amerika die Meinung verbreitet sei, der Mensch könne sich durch den Genuss von rohem Schweinefleisch mit Trichocephalus inficiren. Offenbar war es auch dieser letztere Umstand, der Küchenmeister einen Zusammenhang der Trichina gerade mit dem menschlichen Trichocephalus dispar vermuthen liess, denn das, was derselbe über die Analogie des Baues bemerkt hatte, galt zunächst natürlich für alle Arten des Gen. Trichocephalus in gleichem Grade und schloss am Ende nicht einmal eine Uebereinstimmung mit Trichosoma aus.

Auf diese Weise konnte es denn immerhin den Anschein gewinnen, als wenn durch die Darstellung von Küchenmeister die Lebensgeschichte zweier menschlicher Parasiten von bisher unbekannter Herkunft in hübscher Weise sich abrunde. Man brauchte in Uebereinstimmung mit demselben nur anzunehmen, dass die Trichinen häufiger bei unseren Schlachtthieren vorkämen, um das Auftreten beider Helminthen verständlich zu finden. Die Importation der jungen Brut des Trichocephalus würde dann zur Trichinisirung führen, während umgekehrt der Genuss eines trichinigen Fleisches den Trichocephalus erzeuge.

Das Alles schien, wie gesagt, so abgerundet und so in Einklang mit den für die Taenien zur Genüge festgestellten Thatsachen, dass es der Küchenmeister'schen Ansicht an Beifall nicht fehlen konnte. Davaine fand freilich, wie Meissner, einen Zusammenhang mit Trichosoma plausibler, als mit Trichocephalus**), aber die Mehrzahl der Helminthologen war, glaube ich, doch anderer Ansicht.

Zum Beweise für die Richtigkeit der Küchenmeister'schen Vermuthung bedurfte es jedoch immer noch des Experimentes.

Schon früher hatte man verschiedentlich trichiniges Fleisch verfüttert, besonders an Hunde, mit Ausnahme aber der nachher zu erwähnenden Versuche von Herbst waren alle diese Experimente ohne entscheidendes Resultat geblieben. Unseren heutigen Erfahrungen gegenüber erscheint solches vielleicht auffallend, aber es wird erklärlich, wenn wir daran denken, dass man damals die ausgebildete Trichine unter den mit blossem Auge deutlich erkennbaren Darmwürmern suchte und somit denn auch wenig Veranlassung hatte, das Mikroskop zu Rathe zu ziehen.

Die einzige Thatsache, die auf eine Veränderung der gefütterten Trichinen hindeutete, bestand in dem von mir gelieferten Nachweise, dass dieselben in dem Darmkanale der Mäuse aus ihren Kapseln ausfielen und bereits am dritten Tage auf das Doppelte ihres frühern Durchmessers herangewachsen waren***).

---

*) Ann. and Mag. nat. hist. 1847. p. 358 oder Froriep's Neue Not. 1847. III. S. 219.

**) Traité des entozoaires et des maladies vermineuses. Paris 1860. p. LXVIII.

***) Meine Beobachtungen bezogen' sich auf zwei verschiedene Fälle, bei denen das Fütterungsmaterial einmal (1855) vom Menschen, das zweite Mal (1856) von einer durch und durch trichinigen Katze stammte. Bericht über die Leistungen in der Naturgesch. der niedern Thiere, Archiv für Naturgeschichte 1857. Th. II. S. 185. Eine kurze Erwähnung des ersten Falles (nach brieflicher Notiz) bei Küchenmeister a. a. O. S. 268.

Wenn es noch eines Nachweises für die Annahme bedurft hätte, dass die Trichina spiralis in der bisher allein beobachteten Form ein unvollständig entwickeltes Thier sei, so wurde dieser allerdings durch meine Beobachtung geliefert. Allein die Frage nach dem Endziel der Fntwicklung blieb dadurch ungelöst *). Ein späteres Experiment schien aber auch diese Lücke auszufüllen.

Im Laufe des Jahres 1858 erhielt ich nämlich durch die Gefälligkeit des Herrn Professor Nasse in Marburg eine Portion Fleisch, das mit stark verkalkten Trichinen durchsetzt war und dieses Mal an ein junges Schwein verfüttert wurde. Als letzteres nun vier Wochen später getödtet und untersucht ward, fand ich im Blind- und Dickdarm eine nicht unbeträchtliche Menge von Trichocephalen, theils geschlechtsreife Individuen, theils solche, die dicht vor der Geschlechtsreife standen. Dass die Schweine gelegentlich Trichocephalen beherbergen, war mir nicht unbekannt, allein die früheren Helminthologen glaubten fast alle an die specifische Natur dieses Trichocephalus (Tr. crenatus), während ich mich in meinem Falle von der vollständigen Uebereinstimmung mit dem menschlichen Tr. dispar überzeugen musste.

Man wird mich unter solcher Umständen kaum tadeln, wenn ich diesen Fund im Sinne der Küchenmeister'schen Ansicht deutete — obwohl ich früher derselben durchaus nicht geneigt war — und meine Trichocephalen für Abkömmlinge der gefütterten Trichinen hielt. In diesem Sinne berichtete ich über mein Experiment an Herrn Prof. van Beneden in Löwen, der dasselbe dann seinerseits durch freundliche Vermittlung des Herrn Professor Milne Edwards in Kürze der Pariser Akademie mittheilte **).

Leider schlich sich bei der Veröffentlichung dieser Notiz ein Irrthum ein, der meinem Versuche eine viel grössere Tragweite gab, als er beanspruchen konnte. Ich hatte meinem geehrten Freunde deutsch geschrieben und in meinem Briefe von „Dutzenden" junger Trichocephalen gesprochen, die ich gefunden hätte. van Beneden las statt „Dutzend" nun aber „Duizend" d. h. Tausend, und berichtete der Pariser Akademie, dass es mir gelungen sei, durch Fütterung trichinigen Fleisches Tausende von Trichocephalen zu erzielen.

Noch bevor übrigens diese Mittheilung den Weg in die Oeffentlichkeit gefunden hatte, war auch von Virchow ein Fütterungsversuch mit trichinigem Fleische gemacht worden. Der Hund, der zum Experimente gedient hatte, crepirte am. vierten Tage und zeigte in seinem Darm eine grosse Menge kleiner Nematoden, die offenbar nichts Anderes als weiter entwickelte Trichinen waren. Die Anwesenheit von deutlichen Eiern und Samenzellen liess keinen Zweifel, dass die Thiere in der Geschlechtsentwicklung standen. Aber damit war natürlich noch nicht bewiesen, dass sie bereits ihre völlige Ausbildung erreicht hatten. Wissen wir doch von zahlreichen niedern Thieren (z. B. Schmetterlingen), die Samen und Eier im Larvenzustande produciren. Virchow dachte auch von vorn herein an die Möglichkeit, dass seine Würmer noch weitere Veränderungen eingingen. Wegen des Mangels der für Trichocephalus so charakteristischen Eischalen und Begattungsorgane hielt er es freilich Anfangs nicht für wahrscheinlich***), dass sie sich zu dem genannten Wurme ausbilden

---

*) An einem von mir aufbewahrten mikroskopischen Präpparate habe ich mich übrigens inzwischen davon überzeugt, dass die Würmer meiner zweiten Maus theilweise schon zur Geschlechtsreife gekommen waren, was ich damals freilich wegen der einstweilen noch sehr unbedeutenden Entwicklung der Geschlechtsorgane übersehen hatte.
**) Cpt. rend. 1859. T. 49. p. 452.
***) Deutsche Klinik 1859. S. 430.

9

würden. In einer spätern — immer aber noch vor Kenntnissnahme meines Experimentes geschriebenen*) — Mittheilung an die Pariser Akademie**) ist Virchow der Annahme einer nachträglichen Metamorphose noch geneigter, doch bleibt er zweifelhaft, ob ein Trichocephalus, wie Küchenmeister vermuthet habe, oder ein Strongylus aus den jungen Würmern hervorgehe.

In dieser Vermuthung musste Virchow natürlich noch bestärkt werden***), als er inzwischen von dem scheinbaren Resultate meines Experimentes gehört hatte. Der Gedanke an eine Metamorphose im Strongylus wurde jetzt aufgegeben. Die Trichinen erschienen als junge Trichocephalen. Allerdings blieben zwischen den beiderseitigen Befunden immer noch Differenzen, aber diese wurden durch die Verschiedenheit der äussern Verhältnisse erklärt. In meinem Falle sollten die Entozoen nicht bloss einen sehr günstigen Boden für ihre Entwicklung gefunden haben, sondern auch die nöthige Zeit für ihre weitere Ausbildung. Vorsichtiger Weise hielt Virchow die Frage aber noch immer nicht für abgeschlossen. „Es sei, so fügt er hinzu, noch nicht gerathen, aus den beiderseitigen Erfahrungen einen bindenden Schluss zu ziehen, indem erst weitere Versuche darüber entscheiden müssten."

Der zuletzt hier angezogene Aufsatz von Virchow ist übrigens auch in anderer Beziehung für unsere Kenntnisse von der Trichina spiralis wichtig, indem darin die Frage nach dem Vorkommen, dem Baue und namentlich der morphologischen Bedeutung der Cyste einer eingehenden Besprechung unterworfen wird. In Bezug auf letztere hegt Virchow die Vermuthung, dass sie aus einer Veränderung des Sarcolemma ihren Ursprung nehme, nachdem die zu Trichina sich entwickelte Nematodenbrut vorher in die Primitivbündel der Muskeln eingewandert sei. Daneben bleibe allerdings die wenig wahrscheinliche Möglichkeit, dass die Trichinen als Eier an ihre späteren Fundorte gelangten, in welchem Falle dann die Cystenwand der alten Eischale entsprechen würde.

Die Ansicht, dass die Trichinen als Embryonen in die Muskelbündel einwanderten, ist übrigens nicht völlig neu. Sie war bereits von Meissner†) angedeutet, indem dieser eine von ihm im Umkreis der geschichteten Kalkschale aufgefundene (vielleicht aber auch schon früher gesehene und beschriebene) Membran, die sich nach beiden Enden über die Cysten hinaus fortsetzte, als Sarcolemma in Anspruch nahm. Freilich lag solche Deutung für Meissner näher, als für andere Forscher, da er bei früheren Untersuchungen die Beobachtung gemacht hatte, dass die junge Brut der Gordien ebenfalls in die Primitivbündel der von ihnen bewohnten Wirthe eindringt und sich hier, nach Zerstörung der den Muskelbündeln eigenen Structur, mit einer Kapsel umgiebt††).

Die bisher erwähnten Experimente hatten jedenfalls soviel bewiesen:

---

*) Es ist demnach durchaus unrichtig, wenn Virchow in neuerer Zeit behauptet, dass er die Möglichkeit einer nachträglichen Umwandlung seiner Würmer nur auf meine Autorität hin zugegeben habe, und sich die Entdeckung vindicirt (Archiv für patholog. Anat. 1865. Bd. 32. S. 336), zuerst die Entwicklung der Muskeltrichinen im Darm zu freien, doppeltgeschlechtlichen, geschlechtsreifen (mit Eiern und Samenzellen versehenen) Thieren, welche von Trichocephalus verschieden sind, beobachtet zu haben. Man vergl. hierüber meine Auseinandersetzungen im Archiv für wissenschaftl. Heilkunde Bd. IL S. 66 ff.
**) Cpt. rend. 1859. T 49. p. 660.
***) Archiv für patholog. Anat. Bd. 18. S. 345.
†) A. a. O.
††) Zeitschrift für wissensch. Zoologie 1856. Bd. VII. S. 135.

Leuckart, Trichinen. 2. Aufl.   2

1) dass die Trichinen nach Verfütterung an gewisse Thiere aus ihren Kapseln ausfallen und in drei Tagen · um das Doppelte ihres ursprünglichen Durchmessers wachsen
(Leuckart) und
2) dass dieselben am vierten Tage bereits in voller Eientwicklung getroffen werden
(Virchow).

Das Endziel der Entwicklung schien damit aber noch nicht erreicht zu sein; es blieb
nach der Analogie des Baues und dem scheinbaren Ergebnisse eines von mir angestellten
weitern Versuches wahrscheinlich, dass sich unsere Würmer in Trichocephalen verwandelten.

Die bisher erwähnten Experimente enthielten somit Nichts, was direct und entschieden
gegen die Küchenmeister'sche Hypothese gesprochen hätte. Aber ganz anders verhält es
sich mit Experimenten, die schon in den Jahren 1851 und 1852, also geraume Zeit vor
Küchenmeister, von Herbst angestellt waren.

Herbst experimentirte zunächst*) mit dem Fleische eines längere Zeit in Gefangen-
schaft gehaltenen und hier u. a. mit den Ueberresten verschiedener Versuchsthiere gefütterten
Dachses, das mit zahllosen Trichinen durchsetzt war. (Der Nachweis, dass diese „Trichinen"
mit den menschlichen derselben Art zugehörten, ja überhaupt Trichinen waren**),
ist übrigens von Herbst nicht beigebracht worden.) Er verfütterte dieses Fleisch an drei
junge Hunde und fand nach dritthalb Monaten, dass „alle willkürlichen Muskeln dieser
Thiere eben so reichlich, wie die des von ihnen verzehrten Dachses, mit Trichinen durchsetzt waren"***).

Wie dieser Befund zu erklären sei, lässt Herbst ungewiss, es scheint jedoch, als
halte er die Trichinen für geschlechtsreife Thiere, deren Eier nach der Fütterung sich einen
Weg aus der Darmhöhle in die Blutgefässe gebahnt hätten und durch diese ihrer späteren
Lagerstätte zugeführt wären. Die Cystenmembran wurde als die persistirende Eihülle in
Anspruch genommen.

Späterhin modificirte Herbst seine Ansicht dahin, dass er die Eier nicht mehr in
den Trichinen selbst entstehen liess, sondern in Filarien, die sich unter gewissen günstigen
Umständen aus den Trichinen, die deren Jugendformen darstellten, entwickeln sollten†).

Herbst kam zu dieser Ansicht durch die Beobachtung einer mit Filaria attenuata
behafteten Krähe, deren Eingeweide und Blut zahllose kleine trichinenartige Nematoden enthielt, die zweifelsohne die Nachkommen jener Filaria waren. Hätte Herbst den Bau der
echten Trichine genauer gekannt, so würde es ihm ein Leichtes gewesen sein, die Eigenthümlichkeiten der jungen Filarien aufzufinden und damit denn auch die Verschiedenheit
der beiderlei Thierformen zu constatiren. So aber hielt er dieselben für identisch. Er ging
sogar noch weiter und bezeichnete alle von ihm (bei Habicht, Eule, Frosch u. a.) aufgefundenen jungen Nematoden ohne Unterschied als Trichinen, die höchstens der Species nach

*) Nachrichten von der G. A. Universität und der Königlichen Gesellschaft der Wissenschaften zu Göttingen
1851. Nr. 19.
**) Es giebt, wie wir jetzt wissen, ausser den Trichinen auch noch andere Spulwürmer, die im Jugendzustande
das Muskelfleisch der Säugethiere bewohnen, dabei aber eine zum Theil sehr abweichende Lebensweise besitzen.
Vergl. Leuckart, zur Entwicklungsgeschichte der Nematoden, Archiv für wissensch. Heilkunde Bd. II. S. 199
(Ollulanus tricupsis), S. 209 (Ascaris sp.?).
***) Allerdings wird das zunächst nur für zwei der drei Versuchsthiere angegeben, allein der dritte Hund
ergab sich bei späterer Untersuchung (a. a. O. 1852. Nr. 12) ebenso trichinisirt.
†) Ebendas. S. 192 und 193.

verschieden seien. Alle diese Trichinen sollten nun von Filarien abstammen (die menschliche Trichina spiralis vielleicht von Filaria medinensis). Die Kapsel wurde überall als persistirende Eihaut gedeutet und deshalb auch angenommen, dass die hier und da vorkommenden „freien" Trichinen sich niemals mit einer eigentlichen Cyste umgeben könnten.

Uebrigens war Herbst nicht der Erste, der die Jugendformen anderer Nematoden mit Trichinen in Beziehung brachte *), wie er denn auch nicht der Letzte gewesen ist. Zu diesen fremden Formen gehören aber nicht bloss die eben erwähnten Filarien und die eingekapselten jungen Nematoden der Vögel und Frösche, sondern auch die — bisher noch unbedenklich für Trichinen gehaltenen — Muskelwürmer des Maulwurfs, über die Herbst in seiner zweiten Mittheilung eingehend berichtet hat. Ich kenne diese Würmer aus eigner genauer Untersuchung und habe mich davon überzeugt **), dass sie die Jugendform einer Ascaris darstellen, die sich (wie andere Zwischenformen von Ascaris) nur wenig über den ursprünglichen Embryonalzustand hinaus entwickelt hat. Man findet dieselben nicht bloss — übrigens immer frei und beweglich — im Innern der Muskelfasern oder vielmehr der mit Körnermasse gefüllten Sarcolemmaschläuche, sondern auch eingekapselt in Lunge und Leber. Bei Fütterungsversuchen sieht man sie sogar ohne Veränderung in die peripherischen Organe (Lunge, Leber, wohl auch Muskeln) der neuen Wirthe (Bussard) übergehen. Die letztere Thatsache erklärt denn auch die sonst so auffallende (und schon in der ersten Auflage meiner Untersuchungen beanstandete) Angabe von Herbst, dass er bei den Fütterungsversuchen mit „trichinigem" Maulwurfsfleische schon nach sechs und eilf Tagen in den Versuchsthieren (Wiesel, Dohlen, Tauben) wieder freie und eingekapselte „Trichinen" aufgefunden habe.

Ich brauche übrigens kaum hervorzuheben, dass nicht bloss die Ansichten von Herbst, sondern auch die Resultate der von ihm mit dem trichinigen Dachsfleisch vorgenommenen Fütterungen mit der Küchenmeister'schen Hypothese unvereinbar sind. Nach Herbst sollen die mit diesem Fleisch gefütterten Hunde nach einiger Zeit selbst wieder Muskeltrichinen bekommen haben, während die Eier des Trichocephalus, in den sich die Trichinen nach Küchenmeister u. A. verwandeln sollten, mit dem Kothe ihrer Wirthe abgehen und nach den Beobachtungen von Davaine ***), die ich vollständig bestätigen kann, mehr als sechs Monate bedürfen, bevor sie einen Embryo im Innern entwickeln †).

Die oben rubricirten Resultate der von mir und Virchow angestellten Experimente lassen sich dagegen unter gewissen Voraussetzungen leicht mit den Beobachtungen Herbst's in Einklang bringen. Die Trichinen fallen nach der Ueberführung in den Darm aus ihren Kapseln aus, sie entwickeln in wenigen Tagen Geschlechtsprodukte — man braucht nur anzunehmen, dass die Eier dieser Darmwürmer im Innern der Mutter oder des Wirthes zu wandernden Embryonen würden, um den Herbst'schen Befund genetisch zu erklären. Die Annahme einer Umwandlung der Trichinen nicht bloss in Trichocephalen, sondern auch in Filarien müsste dabei allerdings aufgegeben werden, allein eine derartige Umwandlung

---

*) Schon andere berühmte Helminthologen waren demselben in dieser Beziehung vorausgegangen. So v. Siebold, Archiv für Naturgesch. 1838. Th. I. S. 312, Diesing, Systema helminthum. II. p. 114.
**) A. c. e. O. S. 209.
***) Journ. de Physiol. 1857. p. 289.
†) Küchenmeister hält den Trichocephalus dispar irrthümlicher Weise für ein viviparcs Thier. Parasiten, Seite 249.

12

konnte bisher ja nur in einiger Beziehung wahrscheinlich gemacht, aber keineswegs mit Bestimmtheit nachgewiesen werden.

Unter solchen Umständen erschien es denn dringend nothwendig, die Frage nach den Schicksalen der Trichina spiralis von Neuem aufzunehmen und auf experimentellem Wege zu prüfen. Die Resultate der Virchow'schen Fütterungsversuche enthielten dazu noch eine specielle Aufforderung — war durch sie doch die Wahrscheinlichkeit einer glücklichen Lösung weit näher gerückt, als es früher den Anschein hatte.

An dieser Stelle musste ich in der ersten Auflage meiner „Untersuchungen" die Darstellung von der geschichtlichen Entwicklung unserer Kenntnisse über die Trichina spiralis abbrechen. Ich durfte den Leser für das Weitere auf die Abhandlung selbst und die darin ausführlich dargelegten Experimente verweisen, durch die es mir gelungen war, die Lebensgeschichte dieses interessanten und inzwischen immer wichtiger gewordenen Parasiten Schritt für Schritt zu verfolgen.

Die sechs Jahre, die seitdem verflossen sind, haben zur Genüge bewiesen, dass meine Abhandlung unsere Kenntnisse über die Trichinen bedeutend gefördert und in Gemeinschaft mit den fast gleichzeitigen Publikationen von Virchow und Zenker ihrem Abschlusse nahe gebracht hat. Seit dem Erscheinen der ersten Auflage ist über unsern Parasiten mehr als vielleicht jemals über ein anderes Geschöpf in gleichem Zeitraume geschrieben, aber trotz der zahlreichen neuen Untersucher und Untersuchungen ist der naturgeschichtliche Theil der Trichinenfrage kaum irgendwie erheblich über die von mir entwickelten Gesichtspunkte und Thatsachen hinaus erweitert.

Obwohl nun die zur Aufhellung der Lebensgeschichte unseres Wurmes von mir angestellten Experimentaluntersuchungen ohne wesentliche Veränderungen in die hier vorliegende zweite Auflage meiner Abhandlung übergegangen sind, sehe ich mich doch veranlasst, zur Completirung und Abrundung des geschichtlichen Theiles in übersichtlicher Kürze die weitere Entwicklung unserer Kenntnisse von der Trichina spiralis hier zu skizziren. Ein solches Verfahren empfiehlt sich um so mehr, als es mir zugleich Gelegenheit giebt, die Verdienste, die sich auch andere Forscher auf diesem Gebiete erworben haben, nach Gebühr zu würdigen. Wie ich schon in der ersten Auflage meiner Abhandlung an verschiedenen Stellen (S. 20, 27, 53) bemerken konnte, bin ich es nämlich nicht allein gewesen, der sich damals die Erforschung der Trichina spiralis zur Aufgabe gemacht hat. Ich hatte meine Untersuchungen soeben begonnen und kaum die ersten Erfolge errungen, als es der Zufall wollte, dass in dem Dresdener Stadtkrankenhause nach etwa vierwöchentlichem Kranksein ein Dienstmädchen vom Lande starb, das als typhös behandelt war*). Das Mädchen hatte über heftige Muskelschmerzen geklagt, und dieser Umstand veranlasste den damaligen Prosector Zenker, die Muskeln desselben bald nach dem Tode mikroskopisch zu untersuchen. Zu seinem grossen Erstaunen fand Zenker in diesen Muskeln zahllose Trichinen, die

*) Zenker, Archiv für pathol. Anat. 1860. Bd. 18. S. 561.

sämmtlich, wie in dem Falle von Wood, ohne Kapsel waren. Die Abwesenheit dieser sonst so beträchtlich entwickelten Bildungen brachte Zenker auf die Vermuthung, dass die Trichinen frisch eingewandert seien und die Krankheit der betreffenden Person veranlasst hätten*). Zenker machte Virchow und mir alsbald von seinem Falle Mittheilung und übersendete zugleich ein Stück des betreffenden Fleisches zur Untersuchung und Einleitung von passenden Experimenten.

Zum Danke für diese Mittheilung machte ich Zenker umgehend mit den Resultaten bekannt, die ich inzwischen durch die schon früher von mir begonnenen Untersuchungen erzielt hatte. Diese Resultate betrafen zunächst nur den ausgebildeten Zustand der Trichinen. Die von mir vorgenommenen Fütterungen hatten die lange schwankende Frage zur Entscheidung gebracht. Es war durch dieselben mit Evidenz erwiesen, dass die Vermuthung einer weiteren Metamorphose und namentlich einer Umwandlung in Trichocephalus auf einem Irrthume beruhete. Die zuerst von mir (bei Mäusen) und dann — auf einem noch weiteren Entwicklungsgrade — von Virchow (bei Hunden) nach der Verfütterung trichinigen Fleisches im Darme aufgefundenen Würmer waren in der That die ausgebildeten Trichinen gewesen. Durch das Studium der specifischen Charaktere hatte ich mich überzeugt, dass die Darmtrichinen, wie ich diese Würmer jetzt zum Unterschiede von den larvenartigen Muskeltrichinen benannte, eine bisher unbekannte Art von Eingeweidewürmern darstellten. Da dieselben bis auf die Grösse und die Geschlechtsbildung nur unbeträchtlichen Veränderungen unterlagen, schien auch die rapide Geschwindigkeit, mit der ihre Entwicklung vor sich ging, begreiflich. Schon vierundzwanzig Stunden nach der Uebertragung des trichinigen Fleisches beobachtete ich geschlechtsreife Männchen und Weibchen, und sechs Tage später sah ich den Fruchthälter der letzteren mit zahllosen kleinen Embryonen erfüllt.

So ungefähr lauteten meine damaligen Mittheilungen an Zenker und in übereinstimmender Weise auch an Virchow.

Aber noch vor Empfang der Zenker'schen Sendung hatte ich ein weiteres Experiment eingeleitet. Ausgehend von der Analogie der Blasenbandwürmer, nach der man vermuthen durfte, dass die Embryonen der Trichinen zum Zwecke der Weiterentwicklung in einen neuen Wirth übergehen müssten, hatte ich den mit zahllosen trächtigen Würmern gefüllten Darm eines meiner Versuchsthiere (eines Hundes) an ein Schwein verfüttert. Ich sah das Schwein schon wenige Tage darauf erkranken. Die Symptome steigerten sich im Verlaufe der nächsten Wochen zu bedenklicher Höhe. Das Thier fieberte stark und erlahmte. Dass es die Trichinen waren, deren Import diese Erscheinungen bedingte, konnte keinem Zweifel unterliegen. Die Vermuthung von Zenker erwies sich somit als vollkommen begründet: es gab in der That eine Trichinenkrankheit, und diese erschien nichts weniger als ungefährlich.

Hätte übrigens noch irgend ein Zweifel an der wahren Natur der hier vorliegenden Erkrankung bestehen können, so würde das Ergebniss der Section, die etwa fünf Wochen nach der Einleitung des Versuches vorgenommen wurde, denselben beseitigt haben. Die Muskeln meines Schweines zeigten genau dasselbe Bild, welches der Zenker'sche Fall

---

*) Wie oben erwähnt, hatte auch Wood schon in seinem Falle an die Möglichkeit eines Zusammenhanges zwischen den Trichinen und der Erkrankung gedacht. Derselbe fügt seiner Darstellung sogar die Bemerkung hinzu: „es wäre wünschenswerth nachzuforschen, ob in einigen der früher beobachteten Fälle oder in allen das Muskelsystem Symptome von Rheumatismus oder Entzündung irgend einer Art dargeboten hat".

geboten hatte; sie waren auf das Dichteste mit kapsellosen, sonst aber völlig reifen Trichinen durchsetzt.

An demselben Tage, an welchem mein Schwein geschlachtet wurde, untersuchte Virchow das mit dem Zenker'schen Fleische von ihm gefütterte Versuchsthier, ein Kaninchen, das bei Empfang der Sendung gerade zur Hand gewesen war und in Folge der Infection zu Grunde ging. Der Darm enthielt die schon früher von mir aufgefundenen viviparen Trichinen. Aber auch die Muskeln waren mit Trichinen besetzt, und zwar wiederum mit solchen ohne Kapsel.

Das mit trichinigem Fleische gefütterte Thier war also, wie in den Versuchen von Herbst, selbst wiederum trichinig geworden. Die Embryonen waren ohne Wirthswechsel zu neuen Muskeltrichinen entwickelt und wurden auch „auf der Wanderung in das Muskelgewebe" (im Innern der Gekrösdrüsen, wie Virchow später angab) aufgefunden.

Virchow beeilte sich, Zenker und mich von seinen Beobachtungen mit flüchtigen Worten in Kenntniss zu setzen. Sein Brief kreuzte sich mit einer kurzen Mittheilung meines Befundes, den ich Tags darauf mit einer Portion Fleisch auch Zenker communicirte. Aber Zenker hatte inzwischen gleichfalls eine nähere Einsicht in die Lebensgeschichte der Trichinen gewonnen. Freilich sollte es weniger der Weg des Versuches sein, der ihn zum Ziele führte. Die Hunde, die er gefüttert hatte, ergaben theils Nichts, theils nur Bekanntes (Darmtrichinen mit halbreifen Embryonen). Es hatte fast den Anschein gewonnen, als wenn die Dresdener Untersuchungen erfolglos bleiben würden, als Zenker wenige Tage vor Empfang der Mittheilungen aus Berlin und Giessen — länger als vier Wochen (!) nach dem Tode seiner Kranken — auf die Idee kam, den in der Kälte bis dahin conservirten Darm genauer zu untersuchen. Und siehe da, gleich der erste Tropfen Schleim, den er aus dem Dünndarm unter das Mikroskop brachte, zeigte die ihm durch mich bereits längere Zeit vorher bekannt gewordenen viviparen Darmtrichinen.

Wenn Zenker aus diesem Funde alsbald auf eine Selbstinfection schloss und die Muskeltrichinen seiner Kranken als Abkömmlinge der Darmtrichinen in Anspruch nahm, so hat er damit allerdings, wie in der Annahme der Gefährlichkeit der Trichinen, das Richtige getroffen, aber zunächst doch auch dieses Mal nichts Anderes als eine Vermuthung ausgesprochen. Dieselbe mochte noch so nahe liegen und noch so wahrscheinlich sein, ihre weitere Begründung (Nachweis der Zwischenzustände zwischen Embryo und Muskeltrichine) fand sie erst durch die von anderer Seite gelieferten Experimentalbeweise.

Die Darmtrichinen konnten nach den Untersuchungen von mir und Virchow natürlich nur durch importirte Muskeltrichinen entstanden sein. Die Verhältnisse, unter denen die Verstorbene erkrankt war, lenkten den Verdacht auf das Schwein, das nach Leidy ja auch in der That trichinenartige Muskelparasiten enthalten sollte. Der Verdacht war nicht grundlos. Zenker brachte in Erfahrung, dass die Herrschaft der Verstorbenen kurz vor deren Erkrankung ein Schwein geschlachtet habe, bei dessen Zurichtung die Magd beschäftigt gewesen sei. Er verschaffte sich Schinkenfleisch und Wurst von dem damals geschlachteten Schweine und wies — an demselben Tage, an welchem auch die Giessener Sendung trichinigen Schweinefleisches in seine Hände kam*) — in beiden eingekapselte Trichinen nach.

*) Es ist also unrichtig, wenn man behauptet, dass — von Leidy's zweifelhaftem Befunde abgesehen — zuerst Zenker es gewesen sei, der das Schwein als Trichinenträger erkannte. Ehe Zenker an das Schwein dachte, hatte ich mit diesem Thiere längst experimentirt und Muskeltrichinen bei demselben erzogen.

Ohne von diesen Untersuchungen zu wissen und auch von V i r c h o w's Beobachtungen ein Weiteres zu erfahren, setzte ich nach der Section meines Schweines meine Experimente fort. Ich besass so massenhaftes Material, dass ich dieselben über eine beträchtliche Menge verschiedener Versuchsthiere auszudehnen vermochte. Die von Virchow zuerst mit Sicherheit constatirte Selbstinfection erwies sich dabei alsbald als die Regel und gab reiche Gelegenheit nicht bloss die Wanderungen und die Entwicklungsgeschichte unsrer Würmer Schritt für Schritt zu verfolgen, sondern auch den Bau derselben und die Verschiedenheiten der einzelnen Zustände bis in's Detail zu erforschen. Als das wichtigste der neu gewonnenen Resultate dürfte der Nachweis gelten, dass die Embryonen durch die Darmwände in die Leibeshöhle gelangen, von da in das intermuskuläre Bindegewebe eindringen und schliesslich die einzelnen Muskelfasern anbohren, wie es Meissner und Virchow schon früher vermuthet hatten*). Der Inhalt der inficirten Muskelfasern zerfällt, das Sarcolemma schwindet bis auf die von der inzwischen immer mehr wachsenden Trichine eingenommene Stelle, und hier geht dann schliesslich unterhalb des Sarcolemma die Bildung der späteren Kapsel vor sich. Schon acht Tage nach dem Genusse trichinigen Fleisches wurden die Embryonen in den Muskelbündeln aufgefunden.

Noch während der Dauer meiner Untersuchungen habe ich über die von mir gewonnenen Resultate einige kurze Mittheilungen gemacht**) und nach Abschluss derselben deren Hauptergebnisse für die königliche Gesellschaft der Wissenschaften in Göttingen zusammengestellt***). Das Detail derselben ist — durch neue Versuche und Beobachtungen vermehrt — in der zum zweiten Male hier veröffentlichten Abhandlung niedergelegt.

Die erste Auflage dieser Abhandlung erschien ungefähr gleichzeitig mit den Publikationen von Virchow und Zenker, welche demselben Hefte des Archives für pathologische Anatomie†) einverleibt waren, die erstere allerdings zunächst nur in Form einer vorläufigen Mittheilung, der die ausführliche Darstellung der neuen Fütterungsversuche erst nach einigen Monaten nachfolgte††).

Da Zenker die Freundlichkeit gehabt hatte, mir ein Exemplar seiner Abhandlung alsbald nach beendigtem Drucke zuzusenden, wurde es möglich, in meiner Monographie noch nachträglich darauf an mehreren Stellen Bezug zu nehmen und den von ihm beobachteten Fall zur Vergleichung mit meinen Befunden hinzuzufügen. Die Resultate der Virchow'schen Experimente, die weit mehr in's Detail gingen und somit denn noch häufiger zu einer Vergleichung veranlasst haben würden, habe ich erst längere Zeit nach der Herausgabe

---

*) V i r c h o w behauptet (Archiv für patholog. Anat. 1865. Bd. 32. S. 343) das Eindringen der Trichinenembryonen in die Muskelfasern vor mir beobachtet zu haben. Es mag sein — aber nicht bloss, dass mir solches damals unbekannt war, ich suche auch heute noch vergebens in den Arbeiten von V i r c h o w eine Angabe, aus der mit Bestimmtheit hervorgeht, dass derselbe einen Trichinenembryo jemals im Innern einer u n v e r ä n d e r t e n Muskelfaser gesehen habe. Und das ist doch offenbar die Hauptsache. Dass die Trichinen vor Entwicklung der Kapsel in röhrenförmigen Schläuchen gelegen seien, wusste ich seit der Untersuchung des Z e n k e r'schen Fleisches eben so gut wie V i r c h o w; nur wagte ich nicht, diese Schläuche ohne Weiteres als Sarcolemmaschläuche zu beanspruchen, wie das Virchow that, und war weit mehr geneigt, sie für veränderte Blutgefässe zu halten. Den Vorwurf, dass ich V i r c h o w's Verdienste in dieser Hinsicht durch das Verschweigen einer mir bekannten Thatsache geschmälert hätte, muss ich auf das Entschiedenste zurückweisen. Vgl. Archiv für wissensch. Heilkunde Bd. II. S. 73.
**) Zeitschrift für rat. Medic. 1860. Bd. VIII. S. 259, S. 335.
***) Nachrichten von der G. A. Universität und der königl. Gesellsch. der Wissensch. 1860. N. 13.
†) Bd. 18. S. 535 (V i r c h o w) und 561 (Z e n k e r).
††) Compt. rend. T. 51. p. 13.

meiner Abhandlung zu Gesicht bekommen, ohne darin jedoch irgend etwas von Bedeutung zu finden, was mir nicht schon aus früherer Mittheilung (die Thatsache der Selbstinfection) und eigner Erfahrung bekannt gewesen wäre.

So war denn mit einem Male von drei Seiten her über unsere Trichina spiralis Licht geworden und binnen wenigen Wochen eine befriedigende Einsicht in die Lebensgeschichte eines Thieres gewonnen, das bisher dem Forscher ein völliges Räthsel gewesen war. Und mehr noch, es war durch Beobachtung und Experiment zugleich der Nachweis geliefert, dass die Trichinen, weit davon entfernt, zu den harmlosen Gästen des thierischen Körpers zu gehören, wie man bisher geglaubt hatte, die furchtbarsten und gefährlichsten Leiden zu erzeugen vermöchten. Aus einer helminthologischen Curiosität waren unsere Würmer von jetzt an zu einem wichtigen Objekte der klinischen Berücksichtigung geworden.

Da die drei Beobachter, wenn auch immerhin, wie im Voranstehenden hervorgehoben worden, unter sich in Communication, doch im Wesentlichen selbstständig untersuchten, ihre Beobachtungen auch so ziemlich gleichzeitig waren und zu übereinstimmenden Resultaten hinführten *), so durften sie sich am Ende auch alle drei so ziemlich desselben Antheils an den neuen Errungenschaften berühmen. Nur in Betreff der Untersuchungsmethode und der Summe des zu Tage geförderten Details war zwischen ihnen ein Unterschied, und das offenbar zu Gunsten derer, die den experimentellen Weg betreten hatten. Den Letzteren haben wir deshalb denn auch die grössere Menge der Einzelnheiten zu verdanken, die unsere heutigen Kenntnisse von der Lebensgeschichte der Trichinen zusammensetzen. Und in dieser Beziehung darf ich wohl mir wiederum den Vorrang vor Virchow vindiciren — vielleicht nur deshalb, weil mir als Zoologen und Helminthologen vom Fach die naturhistorische Erforschung der Trichine am nächsten lag.

Bei dem hohen wissenschaftlichen und praktischen Interesse, das die Trichinenfrage darbot, konnte es natürlich nicht fehlen, dass die neuen Entdeckungen ein gewaltiges Aufsehen erregten. Und das nicht etwa bloss in unserem Vaterlande, sondern auch draussen, in Frankreich, England, Dänemark — ja selbst in Amerika und Indien. Ueberall wurden, sobald sich nur irgend eine Gelegenheit bot, die Experimente wiederholt, und fast immer mit glücklichem Erfolge.

Es giebt kaum ein medicinisches oder naturhistorisches Journal, in dem die Trichinenfrage von jetzt an nicht vielfach discutirt wurde. Auch die selbstständigen Mittheilungen mehrten sich, und zwar in einem solchen Grade, dass es fast unmöglich sein dürfte, sie

---

*) Trotzdem hat die Geschichte dieser Entdeckungen zwischen den Betheiligten — und zwar erst vor Kurzem, nach einem Zeitraume von fünf Jahren — zu mancherlei (nicht eben sehr erquicklichen) Auseinandersetzungen und Prioritätsreclamationen Veranlassung gegeben. Virchow, der von mir früher kaum Anderes zu sagen wusste, als dass ich seine Entdeckungen schliesslich bestätigt hätte, nachdem ich eine Zeit lang auf falscher Fährte (Trichocephalus) gewesen sei — und später doch selbst anerkannte, dass mir in mehreren Punkten die Priorität gebühre —, Virchow beklagte sich, dass ich seine Verdienste um die Entdeckung der Darmtrichinen und das Eindringen der Embryonen in das Innere der Muskelfasern nicht gebührend gewürdigt hätte (Archiv für patholog. Anat. Bd. 32. S. 343), und Zenker machte mir sogar den Vorwurf, ich habe es durch eine parteiische Darstellung dahin zu bringen gewusst, dass er in Deutschland nicht, wie in Frankreich, als Derjenige gelte, der allein die Trichinenfrage zum Abschluss gebracht habe (Deutsches Archiv für klinische Medic. Bd. I. S. 90). Ich begnüge mich, hier auf meine Entgegnungen sowohl gegen Virchow (Archiv für wissensch. Heilkunde II. S. 57), wie auch gegen Zenker (ebendaselbst S. 235) hinzuweisen, und die Bemerkung zuzufügen, dass die oben von mir gegebene Geschichtserzählung sich streng an die Daten hält, die in diesen Auseinandersetzungen vorliegen.

vollständig aufzuführen. Für unsere Zwecke genügt es, hier die Aufsätze von Claus*), Davaine**), Vogel***) Fiedler†), Thudichum††) und die vortreffliche Monographie von Pagenstecher†††) zu erwähnen, und sie als diejenigen zu bezeichnen, die auf Grund selbstständiger ernsterer Untersuchungen unsere Kenntnisse über die Lebensgeschichte der Trichinen erweiterten. Im Ganzen aber ist des Neuen nicht viel und Bedeutendes mehr zu registriren. Die Behauptung, dass die Embryonen mittelst des Blutstromes wanderten (Fiedler und besonders Thudichum), konnte nicht in genügender Weise begründet werden und hat durch die Beobachtungen Fürstenborg's*†), die meine früheren Angaben durchaus bestätigten, ihre Widerlegung gefunden. Ebenso wurde die von mir zuerst hervorgehobene und auch schon ihrer klinischen Bedeutung nach gewürdigte**†) Thatsache der kurzen Lebensdauer bei den Darmtrichinen als eine constante Erscheinung nachgewiesen. Es war das um so auffallender, als es sich gleichzeitig immer entschiedener herausstellte, dass die Muskeltrichinen ihr Leben über eine lange Reihe von Jahren hinaus fortzusetzen im Stande seien. Zur Entwicklung der Kalkschale allein bedurfte es eines Zeitraumes von mehr als Jahresfrist.

Aber es war nur der naturhistorische Theil der Trichinenfrage, der durch die früheren Untersuchungen seinen Abschluss gefunden hatte. Nach einer anderen Richtung sollten unsere Kenntnisse desto mehr erweitert werden.

Nachdem einmal durch Zenker und seine Mitarbeiter die Gefahren erkannt waren, welche durch die Einwanderung unserer Würmer in den thierischen Körper herbeigeführt werden, stand bei der Häufigkeit, mit der die Muskeltrichinen in vielen Gegenden vorkamen, zu vermuthen, dass die Fälle der neu beobachteten Krankheit sich bald mehren würden. In wie furchtbarer Weise diese Vermuthung aber schon nach kurzer Zeit übertroffen wurde, konnte Niemand ahnen.

Noch vor Ablauf des Jahres 1860 erkrankten in Leipzig vier Gesellen eines Metzgermeisters unter Erscheinungen, welche die Vermuthung einer Infection mit Trichinen durchaus rechtfertigten, obwohl es unmöglich war, den objectiven Beweis dafür herbeizuschaffen***†). In einem gleichzeitigen Falle, der in Corbach (Waldeck) zur Beobachtung kam und eine Familie von drei bis dahin ganz gesunden Personen betraf, welche ungekochtes Schweinefleisch genossen hatten, wurde durch die mikroskopische Untersuchung von Zenker die Anwesenheit von Muskeltrichinen in dem Fleische nachgewiesen*††).

Hatten schon diese neuen Erkrankungen die Aufmerksamkeit der Aerzte und Laien in noch erhöhtem Grade auf die Trichinen hingelenkt, so erregte es ein förmliches Ent-

---

*) Würzburger naturwiss. Zeitschrift 1860. S. 151.
**) Mém. Soc. biol. 1862. p. 117.
***) Archiv für wissensch. Heilkunde Bd. I. S. 26. (Mit einem Zusatze von Leuckart.)
†) Wagner's Archiv der Heilkunde V. S. 1 ff.
††) Seventh report of the medical officer of the privy council 1864. London 1865. Append. p. 348.
†††) Die Trichinen. Leipzig 1865.
*†) Annalen der Landwirthschaft im Königl. Pr. Staate 1865. N. 21 ff.
**†) Unsere Zeit, Jahrbücher zum Brockhaus'schen Conversations-Lexicon 1862. S. 627. (Die neuesten Entdeckungen über menschliche Eingeweidewürmer und ihre Bedeutung für die Gesundheitspflege.)
***†) Wunderlich, Zur Wahrscheinlichkeitsdiagnose der Trichinenkrankheit, Wagner's Archiv der Heilkunde Bd. II. S. 269.
*††) Bericht der Gesellschaft für Natur- und Heilkunde in Dresden. 1862. S. 49.

Leuckart, Trichinen. 2. Aufl.   3

18

setzen, als im Winter 1861/62 das Gerücht verlautete, dass zu Plauen im sächsischen Voigtlande eine vollständige Trichinenepidemie ausgebrochen sei und mehr als 30 Personen befallen habe. Auch hier konnte über die Natur der Krankheit kein Zweifel obwalten, da in dem ausgeschnittenen Muskelfleische des einen Kranken frisch eingewanderte Trichinen aufgefunden wurden, und die Diagnose auch später noch durch die Section einer Leiche Bestätigung fand *).

Dieser einen Epidemie folgten bald andere und zum Theil viel gefährlichere. Zunächst noch im Jahre 1862 die Epidemie von Calve (mit 8 Todten unter 38 Erkrankungen), und im folgenden die von Burg bei Magdeburg, Stassfurt (mehr als 100 Kranke, einige Todte) und der Insel Rügen (20 Kranke, 2 Todte). Das Jahr 1864 brachte dann die Epidemie von Hettstedt im Mansfeldischen, wo nach einem zur fünfzigjährigen Jubelfeier der Leipziger Völkerschlacht abgehaltenen öffentlichen Feste mehr als 160 Personen erkrankten, von denen 28 starben **). Der Eindruck, den diese Trauerbotschaft machte, war so gewaltig, dass die bald darauf verlautende Nachricht von einer neuen Epidemie mit 90 Erkrankungen und zweien Todesfällen (Quedlinburg) in weiteren Kreisen kaum noch Beachtung fand. Es schien fast unmöglich, das Unglück noch zu überbieten, bis wir vor wenigen Wochen von dem im Halberstädtischen belegenen kleinen Fabrikorte Hedersleben hörten, dass daselbst (von etwa 2000 Einwohnern) über 300 Personen an den Trichinen erkrankt und über 100 der Krankheit erlegen seien!

Ich habe hier nur die sicher constatirten grösseren Epidemieen erwähnt und auch die zahlreichen Fälle eines mehr sporadischen Vorkommens (in Eisleben, Heidelberg, Hamburg, Dessau, Berlin, Leipzig, Halle, Insterburg, Breslau, Celle, Weimar, Jena, Gotha, Cassel, Eschwege u. a. a. O.) ausser Acht gelassen. Wir wissen aber, allein aus den letzten Jahren, noch von manchen anderen, zum Theil eben so ausgedehnten Epidemieen, die nach der Art der Erkrankung entschieden gleichfalls als Trichinenepidemieen in Anspruch genommen werden dürfen und in einigen Fällen (wie namentlich die mehrfach wiederholten Epidemieen von Magdeburg und Blankenburg) auch nachträglich noch durch Untersuchung eines ausgeschnittenen Muskelstückchens als solche erkannt sind.

Natürlich haben derartige Erkrankungen auch in früherer Zeit nicht gefehlt. Nur die Deutung war eine andere. Typhus, Influenza, gastrisch-rheumatisches Fieber, Rheumatismus, Gicht, Muskelödem, selbst Vergiftung, — das waren die Diagnosen, die man je nach den hervorstechenden Symptomen bis zur Entdeckung der Trichinenkrankheit für diese Fälle in Bereitschaft hatte.

Es versteht sich von selbst, dass wir durch so vielfache Erfahrung die Trichinenkrankheit oder Trichinose (resp. Trichiniasis), wie sie jetzt häufig genannt wird, nach Erscheinung und Wesenheit heute besser und vollständiger kennen gelernt haben, als es früher der Fall war. Aber es ist hier nicht der Ort, solches näher zu begründen. Um das Material für die Beurtheilung der Krankheit zu gewinnen, müssen wir zuvor die Lebensgeschichte der Trichinen bis in's Detail hinein verfolgt haben.

Wo wir übrigens die Krankheit auf ihre Quelle zurückzuführen vermochten, da war

*) Böhler, Die Trichinenkrankheit in Plauen. 1863.
**) Rupprecht, Die Trichinenkrankheit im Spiegel der Hettstedter Endemie betrachtet. 1864.

es überall das Schwein, von dem dieselbe ausging. Ihre Häufigkeit und ihr epidemisches Vorkommen entspricht auch in augenscheinlicher Weise der Bedeutung, die das Schwein als Fleischfabrikant besitzt, und der Ausbreitung der Schweinezucht. Wir haben uns aber im Laufe der Zeit davon überzeugen müssen, dass es auch noch ein anderes Moment giebt, welches das Auftreten und die Verbreitung der Krankheit begünstigt, und zwar eines, das dem Parasiten selbst zukommt. Es ist die ungewöhnliche Ausdauer und Lebenszähigkeit der Muskeltrichinen.

Schon ältere Beobachter heben die Thatsache hervor, dass die Muskeltrichinen den Tod ihres Trägers eine längere Zeit überdauern und gelegentlich noch im faulenden Fleische lebend angetroffen werden. Dass dieselben aber auch im Stande sind, viele jener Manipulationen zu überstehen, die wir bei der Zubereitung des Schweinefleisches vorzunehmen pflegen, dass mit anderen Worten Wurst und Schinken, Pökelfleisch und Wellfleisch, Carbonade und selbst Braten unter Umständen die Trichinenkrankheit zu erzeugen vermögen, das ist uns erst in neuerer Zeit, und zunächst durch die Erfahrung am Krankenbette bekannt geworden.

Auch auf experimentellem Wege ist diese Thatsache geprüft und ausser Zweifel gesetzt, und zwar zuerst durch Versuche, die von mir*) zu diesem Zwecke angestellt wurden. Spätere, von Küchenmeister und anderen Dresdener Gelehrten**), so wie von Fürstenberg***) u. A. in grösserer Ausdehnung und mehr methodisch vorgenommene Experimente haben uns auch eine nähere Einsicht in die Bedingungen verschafft, unter denen die Trichinen in unseren Fleischspeisen lebendig und infectionsfähig bleiben, resp. zu Grunde gehen. Denn dass dieselben salz-, rauch- und feuerfest seien, wie man naiver Weise gelegentlich behauptet, gehört in das Gebiet der Fabel, die sich auch sonst schon vielfach der Trichinenfrage bemächtigt hat.

Obwohl man es so ziemlich in der Gewalt hat, durch eine vorsichtige Zubereitung der Speisen (längeres Kochen und Braten, heisse Räucherung u. s. w.) die Muskeltrichinen zu tödten und unschädlich zu machen, so erscheint doch das Verlangen des Publikums nach trichinenfreiem Fleische durchaus natürlich und gerechtfertigt. Diesem Verlangen zu entsprechen, sind von competenter Seite, von Virchow†), Vogel††), Küchenmeister†††) und Anderen Vorschläge gemacht worden, die im Wesentlichen auf die Einrichtung einer mikroskopischen Fleischschau hinzielen.

Wir werden bei späterer Gelegenheit diese Vorschläge zu prüfen haben und die Methoden kennen lernen, die hier am sichersten und leichtesten zum Ziele führen. Einstweilen erwähnen wir diese Thatsache nur als einen neuen Beweis, dass die Untersuchungen über die Trichinen, die ursprünglich ein rein naturhistorisches Interesse hatten,

---

*) Die menschlichen Parasiten I. S. 121.
**) Küchenmeister, Haubner und Leisering in den Berichten über das Veterinärwesen im Königreich Sachsen für das Jahr 1862. S. 188. Vergl. auch Haubner, Ueber die Trichinen. Berlin 1864. S. 43.
***) Wochenblatt der Annalen der Landwirthschaft 1864. N. 30. S. 274.
†) Darstellung der Lehre von den Trichinen mit Rücksicht auf die dadurch gebotenen Vorsichtsmaassregeln. Berlin 1864. (1. und 2. Aufl.) 1866. (3. Aufl.)
††) Die Trichinenkrankheit und die zu ihrer Verhütung anzuwendenden Mittel. Leipzig 1864.
†††) Ueber die Nothwendigkeit und allgemeine Durchführung einer mikroskopischen Fleischschau. Dresden 1864.

3 *

allmählich immer mehr auf das Gebiet des praktischen Lebens und der materiellen Wohl-
fahrt übertragen sind.

Dass es auch nicht an Versuchen gefehlt hat, die Widerstandsfähigkeit der Trichinen
gegen Arzneimittel zu prüfen und auf diese Weise eine rationelle Behandlung der Trichinenkrankheit anzubahnen, braucht nach der voranstehenden Bemerkung kaum noch ausdrücklich
hervorgehoben zu werden. Wir haben namentlich durch Fiedler*) und Mosler**) hierüber mancherlei dankenswerthe Mittheilungen erhalten, müssen aber trotzdem leider immer
noch gestehen, dass wir mit unserem Arzneischatze gegen die bösen Gäste im Ganzen nur
wenig auszurichten vermögen.

---

*) Wagner's Archiv der Heilkunde Bd. V. S. 17 ff., S. 337.
**) Helminthologische Studien und Beobachtungen. Berlin 1864. Ueber das Benzin und seine anthelminthische
Wirkung, Berl. kl. Wochenschrift 1864. N. 32.

Experimenteller Theil.

Naturgeschichte der Trichinen.

Erste Versuchsreihe.

Erziehung der Darmtrichinen *).

In der zweiten Hälfte des Monats Januar des Jahres 1860 erhielt ich durch die Freundlichkeit des Herrn Professors H. Welcker aus Halle etwa 1½ Kilo trichinigen Menschenfleisches. Das Fleisch stammte von einer männlichen Leiche, die bereits einige Tage alt war, bevor die Parasiten entdeckt wurden. Es war der einen untern Extremität entnommen und enthielt durchschnittlich auf 10 Milligr. etwa 12 — 15 Trichinen. Der Entwicklungszustand dieser Thiere war derselbe, den uns Owen, Farre, Bischoff, Luschka u. A. beschrieben haben. Es waren kleine, spiralig aufgerollte Würmchen von 0,8 — 1 Millim. Länge mit verjüngtem Vorderkörper und abgerundetem Hinterleibsende, die in einer meist citronenförmigen Kalkschale von etwa 0,35 — 0,5 Millim. Länge eingeschlossen waren. Abgestorbene und verkalkte Trichinen wurden nur in sehr geringer Menge vorgefunden.

Das Fleisch wurde mit Ausnahme von ungefähr 150 Gr. an drei Hunde und zwei Schweinchen verfüttert, ziemlich gleichmässig, so dass ein jedes dieser Thiere 220—230 Gr. und damit etwa 300,000 eingekapselte Trichinen verschluckte. Bald nach der Mahlzeit stellten sich bei allen Versuchsthieren, besonders den Hunden, eine Reihe von Indigestionserscheinungen ein, die mit der begleitenden Appetitlosigkeit erst nach einigen Tagen wiederum verschwanden.

Vier Tage nach der Fütterung wurde der erste meiner Hunde getödtet. Der Darm war ziemlich stark injicirt und auf seiner Innenfläche mit einer dicken Schicht gelockerter und abgestossener, auch wohl mehr oder weniger veränderter Epithelialzellen bekleidet, in die eine zahllose Menge kleiner eiförmiger, schon von Virchow in seinem Falle gesehener Psorospermien eingebettet waren. Am häufigsten waren diese Psorospermien in der zweiten Hälfte des Dünndarms, wo sie die Darmzotten in einer dicht gedrängten Lage überzogen, so dass diese dem unbewaffneten Auge schon bei oberflächlichster Untersuchung durch eine weisse Färbung auffielen. In dem genannten Abschnitte schien überhaupt die Schleimhaut-

---

*) Die Hauptresultate der hier folgenden Untersuchungen sind zuerst von mir in der Zeitschrift für rationelle Medicin 1860. Th. VIII S. 259 (d. d. 1. Febr.) mitgetheilt.

22

affection ihre höchste Entwicklung erreicht zu haben, wie namentlich auch aus den hier zahlreich vorkommenden kleinen Blutergüssen hervorging.

In demselben Abschnitte aber fanden sich auch, ganz wie in dem Virchow'schen Falle, zahllose kleine und schlanke freie Nematoden, theils in den Ueberzug der Darmhaut eingelagert, theils auch in dem schleimigen Inhalte. Sie fanden sich in solcher Menge, dass ein etwa linsengrosses Quantum Schleim oder Schleimhaut deren nicht selten 6—10 Stück enthielt.

Mit blossem Auge waren diese Würmer nur schwer und kaum anders, als im isolirten Zustande, wahrnehmbar, weniger wegen ihrer Grösse, die meist zwischen 2 und 3 Mm. betrug, als wegen ihrer Dünne und Durchsichtigkeit. Am deutlichsten traten sie auf einer dunkeln Unterlage hervor, besonders bei heller Beleuchtung.

Dass diese Würmer durch Wachsthum und Weiterentwicklung aus den gefütterten Trichinen hervorgegangen waren, konnte keinen Augenblick bezweifelt werden. Schon durch die Uebereinstimmung mit dem Resultate des Virchow'schen Falles würde das zur Genüge bewiesen sein. Aber auch ohne diese wäre die Trichinennatur unserer Nematoden ausser Zweifel gewesen, denn der Typus des äussern und innern Baues (Tab. I, Fig. 1, 2, 5) war genau derselbe, wie ihn die daneben noch in einzelnen unvollständig verdaueten Fleischresten vorgefundenen Muskeltrichinen (Fig. 12) zeigten. Der schlanke Körper, der sich in dem vorderen Drittheil allmählich immer mehr und mehr (von 0,045—0,055 Mm. bis zu 0,007 Mm.) verjüngte und hinten meist mit stumpfer Abrundung aufhörte; der eigenthümliche rosenkranzartig gegliederte Schlauch, der dem Chylusmagen vorausging (und fortan als Zellenkörper von mir benannt werden soll), die Bildung des Darmkanales selbst, das Alles zeigte, von der Grösse natürlich abgesehen, die vollste Uebereinstimmung mit der Trichina spiralis. Selbst die Tendenz, sich im Ruhezustande bogenförmig oder zu einer eintourigen (flachen) Spirale zusammenzurollen, erinnerte an die eingekapselten frühern Zustände. Nur in einem Punkte unterschieden sich unsere Würmer wesentlich von jenen Jugendformen: sie waren zu völlig geschlechtsreifen Thieren geworden.

Am deutlichsten war das bei den Weibchen, die in meinem Falle die bei weitem überwiegende Menge ausmachten und desshalb denn auch meist zuerst in die Augen fielen. Schon bei oberflächlichster Untersuchung unterscheidet man in diesen Thieren (Tab. I, Fig. 2) einen sehr ansehnlichen, neben dem Darmkanale hinlaufenden Schlauch, der den grössern Theil der hintern Leibeshöhle ausfüllt und bis über die Körpermitte hinaus nach vorn sich fortsetzt. Im Innern desselben ist eine dicht gedrängte Menge grosser rundlicher Ballen (von 0,022 Mm.) enthalten. In der Regel liegen 3—4, bisweilen auch 5 solcher Ballen auf demselben Querschnitte neben einander, so dass sie sich durch gegenseitigen Druck unregelmässig abflachen. Nur nach vorn wird die Zahl eine geringere, bis die Ballen sich schliesslich in einfacher Längsreihe hinter einander gruppiren.

Bei näherer Untersuchung erkennt man nicht nur bald, dass diese Ballen Eier sind, man überzeugt sich auch leicht, dass der dieselben enthaltende Schlauch (Ibid.) aus zwei Abschnitten zusammengesetzt wird, aus einem hintern, kürzern und meist etwas schlankern Eierstocke, der bis in die Nähe des Afters hinabreicht, wo er mit einer stumpfen Abrundung endigt*), und einem vordern, beträchtlich langen Rohre, das sich nach Lage und

---

*) Die Anwesenheit eines eignen Ligamentes zur Befestigung des Eierstockes (Pagenstecher) muss ich in Abrede stellen.

Inhalt als Fruchthälter bezeichnen lässt*). Die Uebergangsstelle beider Abschnitte ist durch eine Einschnürung markirt, über welche der Anfangstheil des Eihälters in Form einer weiten und stumpfen, blind geendigten Tasche vorspringt (Fig. 4). Diese Tasche enthielt bei allen Individuen eine eigenthümliche Körnersubstanz, wie wir sie nachher als charakteristischen Inhalt des männlichen Geschlechtsapparates kennen lernen werden; wir dürfen dieselbe demnach als Samentasche betrachten. Die Quantität Samen war in manchen Fällen so beträchtlich, ' dass auch ein Theil des Fruchthälters davon erfüllt ward. Selbst das Ovarium enthielt mitunter etwas Samen.

Das Ovarium misst in der Regel nur 0,3—0,45 Mm. Die Eier, die darin enthalten sind, erscheinen blasser und weniger scharf contourirt, als die Eier des Fruchthälters, denen sie auch an Grösse etwas nachstehen. Sie zeigen ein ansehnliches (0,0095 Mm.) helles und bläschenförmiges Keimbläschen mit wenig auffallendem Keimflecke. Ich war früher der Meinung, dass die Bildung der Eier, wie bei den meisten übrigen Nematoden, auf das hintere blinde Ende des Ovariums beschränkt sei, habe mich aber mit Claus**) später von der Unrichtigkeit dieser Annahme überzeugt. Die Eier entstehen bei Trichinen, wie bei Trichocephalus (Eberth), in ganzer Länge des Ovariums, jedoch nur an der dem Darme abgewandten Fläche, die wir nach ihrer relativen Lage als Bauchfläche bezeichnen dürfen. Man erkennt hier (Tab. I, Fig. 15 — im Querschnitte) kleine wenig deutlich begrenzte blasse Zellen (von 0,003 bis 0,005 Mm.), die offenbar nichts anderes als junge und unvollständig entwickelte Eizellen darstellen. Sie bilden eine fast continuirlich zusammenhängende band- oder strangartige Masse, die dicht an der strukturlosen Eierstockshaut anliegt. Während der Reifung lösen sich die Eier aus dieser Masse, um dann den übrigen Raum des Eierstocks auszufüllen. Der Form derselben sich anschmiegend zeigt die begrenzende Wand nicht selten mehr oder minder auffallende Ausbuchtungen.

In den Eiern des Fruchthälters liess sich ein Keimbläschen nur selten und immer nur dann nachweisen, wenn diese Eier eben erst aus dem Ovarium übergetreten waren. Dagegen erkannte man leicht die nach der Befruchtung gewöhnlich auftretenden Dotterveränderungen, welche die beginnende Embryonalentwicklung anzeigen. Die Dottermassen waren gefurcht oder vielmehr in Ballen getheilt***), bald nur, in der Nähe der Samentasche, in einige wenige, bald auch in zahlreichere, je nach der Entfernung von diesem Receptaculum. Freilich muss ich erwähnen, dass unsere Trichineneier lange nicht so scharf und bestimmt die einzelnen Furchungskugeln erkennen lassen, wie das wohl sonst bei den Nematoden vorkommt, ein Umstand, der theils durch die Blässe des Dotters, theils aber auch dadurch bedingt wird, dass die Furchungskugeln dicht an einander angepresst sind, statt sich als sphärische Ballen frei abzusetzen.

Wie schon von Virchow hervorgehoben, besitzen die Eier unserer Trichinen nicht die geringste Aehnlichkeit mit denen von Trichocephalus. Sie sind einfache rundliche Kugeln, mit einer nur dünnen und zarten Dotterhaut versehen, ohne eigentliche Eischale.

---

*) Unsere Trichine gehört demnach zu den Spulwürmern mit einer nur einfachen weiblichen Geschlechtsröhre. In der Regel finden sich deren zwei, die jedoch durch einen gemeinschaftlichen Gang ausmünden. Aehnlich, wie Trichina, verhält sich auch Trichocephalus, nur dass der Genitalschlauch hier — bei einem beträchtlich grösseren Thiere — nicht gestreckt verläuft, sondern vielfach gewunden ist.

**) Würzburger naturwissensch. Zeitschrift 1860. S. 151.

***) Pagenstecher glaubt sich davon überzeugt zu haben, dass die Kerne dieser Ballen durch Theilung des ursprünglichen Keimbläschens ihren Ursprung nehmen. Die Trichinen. S. 93.

Die vordersten Eier wurden meist in kurzer Entfernung hinter dem perlschnurförmigen Zellenkörper gefunden. Aber an dieser Stelle errcichte der Fruchthälter noch
nicht sein Ende. Vielmehr stieg derselbe von da als ein enges und leeres Rohr neben
dem Vordertheile des Darmkanales empor, um mehr oder minder weit oberhalb des
Magengrundes, ungefähr auf der hintern Grenze des ersten Körperviertels, durch eine deutlich nachweisbare Oeffnung nach aussen auszumünden (Fig. 1 und 2). Bei solchen Exemplaren, welche die bogenförmig gekrümmte Ruhelage eingenómmen haben, findet man diese
Oeffnung beständig an dem convexen Körperrande, meist in Form einer kleinen Papille
vorspringend. Nach der Analogie mit den übrigen Spulwürmern muss man diese Körperfläche als die Bauchfläche bezeichnen.

Bei Erwärmung des Objectträgers oder des Tisches am Mikroskope sieht man bei
frischen Trichinen den Fruchthälter in kräftiger Zusammenziehung, die gewöhnlich von
hinten nach vorn geht. Das Phänomen hängt von der Anwesenheit besonderer zarter Ring-
muskeln ab, die man bei stärkerer Vergrösserung auf der structurlosen Grundmembran, der
Fortsetzung der Eierstockshaut, in Abständen hinter einander unterscheidet. Im Innern
trägt der Fruchthälter eine gleichfalls nur wenig auffallende Zellenbekleidung, die in der
Nähe der Geschlechtsöffnung noch von einer dünnen Fortsetzung der äusseren Körperhülle
bekleidet wird. Die Geschlechtsöffnung ist von einem ziemlich kräftigen Schliessmuskel
umgeben.

Die männlichen Trichinen (Fig. 5) bleiben durchweg bedeutend an Grösse hinter
den Weibchen zurück. Nur selten sind dieselben länger als 1,6 Mm., meist kürzer, bis
herab zu 1,2 Mm. Ihr grösster Durchmesser beträgt dabei 0,042; sie sind also verhältnissmässig plumper, als die Weibchen und rollen sich auch wohl desshalb weniger leicht,
als diese, zusammen.

Aber die Kleinheit und meist gestreckte Form ist es nicht allein, die diese Männchen
von den Weibchen unterscheidet. Auch nicht die Abwesenheit der Eier und die grössere
Durchsichtigkeit des Leibes, sondern namentlich die eigenthümliche und abweichende Bildung des Hinterleibsendes. Allerdings zeigt dieses dieselbe stumpfe Abrundung, wie wir
sie oben auch für das Weibchen hervorgehoben, aber daneben trägt es noch zwei verhältnissmässig ansehnliche (0,015 Millim. hohe) konische Hervorragungen, die mit breiter Basis
neben der Afteröffnung aufsitzen und von da divergirend nach der einen Körperfläche sich
hinrichten (Tab. I, Fig. 5, 6). Ich habe diese Körperfläche früher als die Rückenfläche bezeichnet, und andere Beobachter sind mir in dieser Auffassung gefolgt. Gegenwärtig sehe
ich mich veranlasst, dieselbe (in Uebereinstimmung mit Pagenstecher) als die Bauchfläche in Anspruch zu nehmen, nicht bloss, weil sie bei gekrümmten Würmern den convexen
Rand bildet, wie die Bauchfläche des Weibchens, sondern namentlich desshalb, weil an der
gleichen Fläche der sonst überall bei den Spulwürmern für die Bauchfläche charakteristische
Zusammenhang des Samenleiters mit dem Darme stattfindet. Uebrigens will ich schon hier
hervorheben, dass die Bildung der beiden Hörnchen von der Rückenhälfte des hintern Körperendes ausgeht, die auch bei den Weibchen die dickere ist und über die Afteröffnung etwas
hervorragt, ja gleichfalls sogar, wie wir später sehen werden, eine Andeutung der hier eben
erwähnten Zäpfchen erkennen lässt.

Bei genauerer Untersuchung überzeugt man sich jedoch, dass diese beiden Hörnchen
nicht die einzige Auszeichnung des männlichen Hinterleibsendes bilden. Nach innen von

denselben sind noch vier andere Hervorragungen vorhanden, die aber ihrer geringeren Grösse wegen leicht übersehen werden und auch von mir erst nachträglich*) aufgefunden sind. Auch diese vier innern Höcker gehören (Tab. I, Fig. 6, 7) der Rückenhälfte des Hinterleibsendes an und sind paarweise hinter einander angeordnet. Die vordern, die eine mehr versteckte Lage haben, erscheinen als halbkugelförmige Aufwulstungen, während die hintern mehr zapfenförmig oder conisch sind und mit ihren Spitzen frei nach dem Rücken zu hervorragen.

Durch diese complicirtere Bildung geht die früher von mir hervorgehobene Aehnlichkeit mit der „zweilappigen" Hinterleibsspitze des in den Luftröhrenverästelungen des Delphines lebenden spannelangen Pseudalius (Prosthecosacter Dies.) filum vollständig verloren, obwohl Davaine darauf so grosses Gewicht legt, dass er den Vorschlag gemacht hat, unsere Trichine dem Genus Pseudalius einzuverleiben und sie fortan als Ps. trichina zu bezeichnen**).

Aber auch nach Ausschluss von Pseudalius***) giebt es unter den Spulwürmern noch Formen, die eine ähnliche Bildung des männlichen Hinterleibsendes zur Schau tragen. Ich meine nicht etwa die bei Pferden zwischen den Sehnenfasern und Arterienhäuten lebende Onchocerca, die — trotz ihrer beträchtlichen Länge (40 Mm.) — eine Zeit lang gleichfalls als eine Trichina betrachtet wurde und, wie die echte Trichine, im männlichen Geschlechte zwei Schwanzzapfen besitzt†), sondern das auch sonst durch Aufenthalt, Leibesform und Anwesenheit eines Zellenkörpers neben dem Oesophagus mit Trichina nahe verwandte Gen. Trichosomum, dessen Arten zum grossen Theile ganz ähnliche Hervorragungen und Zapfen an der männlichen Hinterleibsspitze erkennen lassen. Die Aehnlichkeit ist in manchen Fällen eine so frappante, dass man sich füglich wundern darf, dass sie nicht längst schon hervorgehoben worden.

Die Function dieses Apparates betreffend, so kann wohl kein Zweifel sein, dass derselbe zum Anklammern an den weiblichen Körper dient und damit in die Reihe der Begattungswerkzeuge tritt. Eine musculöse Structur habe ich freilich im Innern der Zapfen nicht wahrnehmen können, aber das schliesst deren Anwesenheit um so weniger aus, als die Muskeln der Trichinen überhaupt nur schwer zu erkennen sind. Durchscheinende Kernbildungen lassen übrigens vermuthen, dass die Hauptmasse der Zapfen von Zellen gebildet werde. Auch das Weibchen zeigt an der Innenfläche des Hinterleibsendes eine deutliche Zellenanhäufung. Bei näherer Untersuchung findet man noch eine andere Analogie mit dem Männchen; man überzeugt sich, dass die Rückenhälfte des Hinterleibsendes, welches bei dem Männchen die Zapfen trägt, bei dem Weibchen durch eine seichte Längsfurche in zwei kurze und stumpfe Höcker zerfallen ist, die offenbar als eine Andeutung jener Zapfen zu betrachten sind.

---

*) Archiv für Naturgeschichte 1864. Bd. II. S. 66. (Auch Pagenstecher hat diese vier kleineren Zapfen inzwischen gesehen, a. a. O. O. S. 86, aber unrichtiger Weise angegeben, dass sie die Cloakenöffnung zwischen sich nehmen, während sie doch sämmtlich dahinter angebracht sind.)

**) Mémoires de la Société biolog. 1862. p. 117. (Schon an einem andern Orte habe ich mich auf das Bestimmteste gegen eine solche Zusammenstellung ausgesprochen. Vergl. Archiv für wissenschaftl. Heilkunde I. S. 57. Archiv für Naturgesch. a. c. O.)

***) Abgebildet von van Beneden, Mém. sur les Vers intest. Paris 1858. Pl. XXIV. Fig. 8, 9.

†) Abbildung bei Diesing, Denkschriften der Wiener Akademie 1855. T. IX. Tab. V. Fig. 22.

Auch die innern Geschlechtsorgane des Männchens zeigen eine unverkennbare Analogie mit denen des Weibchens. Gleich diesen bestehen dieselben aus einem einfachen Schlauch mit Keimdrüse und Ausführungsgang, nur dass letzterer nicht nach vorn läuft, um hier auszumünden, sondern alsbald nach seinem Ursprung schlingenförmig umbiegt und neben dem Hoden und Chylusmagen nach hinten herabsteigt (Fig. 5). Das hintere Ende desselben mündet in einiger Entfernung vor dem After in den Mastdarm.

Was die Lage des Hodens betrifft, so nimmt dieser in den männlichen Individuen im Wesentlichen dieselbe Stelle ein, an der wir bei den Weibchen das Ovarium gefunden haben. Nur insofern besteht ein kleiner Unterschied, als das Ende gewöhnlich etwas weniger weit nach hinten reicht und die ganze Masse des Hodens (durch den Samenleiter) aus der ursprünglichen Bauchlage zur Seite gedrängt ist. Auch Grösse (0,3 Mm.) und Form ist bei beiden Keimdrüsen so ziemlich die gleiche. Der Hoden ist, wie der Eierstock, ein dünnhäutiger, ziemlich dicker Schlauch, der in einiger Entfernung von der Hinterleibsspitze mit blindem Ende beginnt und unterhalb des Chylusmagens emporsteigt. In der Nähe des Magengrundes angekommen, biegt das vordere Ende dann aber plötzlich, wie schon erwähnt, nach rückwärts und geht dabei unter gleichzeitiger starker Verdünnung in den Samenleiter über. Im Innern des Hodens trifft man, hinten wenigstens, auf zarte Zellen von 0,005 bis 0,007 Mm. Durchmesser. In den grössern Zellen hat sich der Inhalt gewöhnlich in vier Ballen gesondert, die in der vordern Hälfte des Hodens durch Auflösung der umgebenden Hülle frei werden und dann mit ihrem kleinen, aber stark lichtbrechenden Kerne das reife Samenkörperchen darstellen. Sind die Körperchen dicht an einander gedrängt, dann glaubt man zunächst eine von groben Körnern ziemlich gleichmässig durchsetzte homogene Masse vor sich zu haben, bis man sich durch nähere Untersuchung überzeugt, dass diese Körner je von einem rundlichen Hofe heller Substanz umgeben sind. Der Durchmesser des Hofes beträgt etwa 0,003 Mm.

Durch den dünnen, mit isolirten Ringmuskelfasern umgebenen Samenleiter gelangt das reife Sperma aus dem Hoden nach abwärts bis in dessen Endstück, wo es sich unter gleichzeitiger Erweiterung des Kanales zu einer förmlichen Samenblase (Tab. I, Fig. 6) in ansehnlicher Menge anhäuft.

Der unterhalb der Einmündung der Samenblase gelegene Mastdarm (die sog. Cloake) besitzt eine ungewöhnliche Länge, wie es meines Wissens sonst nur noch bei Trichocephalus und Trichosomum der Fall ist. Aber nicht nur lang ist dieser Enddarm, sondern auch äusserst dickwandig, so dass das Lumen desselben auf einen engen Canal zusammengedrängt wird, der in der Achse hinläuft. Da dieses Lumen von einer ziemlich dicken Fortsetzung der bekanntlich bei allen Spulwürmern aus Chitin bestehenden äusseren Körperhaut bekleidet ist und sich desshalb ziemlich scharf markirt, kann man leicht in Versuchung kommen, die Contouren desselben für die Begrenzungen eines stabförmigen Penis (für ein sogenanntes Spiculum) zu halten, wie es in einfacher oder doppelter Anzahl bekanntlich den übrigen männlichen Spulwürmern zukommt. Noch in der ersten Auflage meiner Untersuchungen musste ich mich etwas zweifelnd über die Natur dieser Bildung äussern, während ich heute mit aller Bestimmtheit die hier ausgesprochene Deutung für die richtige ausgeben darf (obwohl Davaine inzwischen bei Trichina — offenbar durch das oben beschriebene Bild getäuscht — ein doppeltes Spiculum mit V förmig convergirenden Schenkeln beschrieben hat).

27

Unsere Trichine gehört zu den wenigen Nematoden ohne Spiculum. Aber dafür besitzt sie, wie ich schon an einem andern Orte bemerkt habe*) — und inzwischen auch von Pagenstecher beobachtet ist — die Fähigkeit, ihre ganze Cloake nach aussen hervorzustülpen. In diesem Zustande bildet die Cloake einen ganz ansehnlichen Körperanhang von glockenförmiger Gestalt, der zwischen den Zapfen des Haftapparates nach aussen hervorragt und, gleich diesen, nach der Bauchfläche zu umgebogen ist (Tab. 1, Fig. 8). Ich vermuthe, dass dieses Gebilde eine Art Saugnapf darstellt, der sich bei der Begattung auf der weiblichen Geschlechtsöffnung befestigt und dann den Samen ohne Verlust in den Fruchthälter übertreten lässt, muss aber ausdrücklich erwähnen, dass ich niemals so glücklich gewesen bin, den Begattungsact zu beobachten.

Wie ich hier beiläufig bemerken will, giebt es unter den Trichosomen eine Art, die sich nach Dujardin's Beschreibung**) ganz ähnlich verhält, die wenigstens, gleich unserer Trichina, ohne Spiculum ist und ihre Cloake nach aussen umzustülpen vermag (Tr. — Encoleus Duj. — aerophilum, aus der Luftröhre des Fuchses).

Zum Zurückziehen der Cloake dienen einige Muskelbündel, die in diagonaler Richtung nach vorn laufen und sich an den äussern Körperwänden inseriren (Tab. 1, Fig. 6, 9).

Wir haben bei der Beschreibung der männlichen Organe vielfach Gelegenheit gefunden, die Analogie hervorzuheben, die in Form, Lage und Grösse zwischen dem Hoden und dem Eierstocke obwaltet. Desto auffallender ist es nun aber, wenn wir weiter beobachten, dass das vordere Ende der Keimdrüse bei dem Männchen (Fig. 5) fast bis an den Anfangstheil des Magendarmes reicht, während bei den weiblichen Thieren (Fig. 2) zwischen diesen beiden Punkten ein Abstand bleibt, der reichlich ein Drittheil und in manchen Fällen selbst die Hälfte des gesammten Körpers beträgt. Auf diesen Unterschied reducirt sich auch die oben hervorgehobene Grössendifferenz zwischen beiden Geschlechtern, die bekanntlich zu Gunsten der Weibchen ausfällt. Vorderer und hinterer Körperabschnitt, so weit dieselben den Zellenkörper und die Geschlechtsdrüse enthalten, zeigen bei beiden eine grosse Uebereinstimmung; die Verschiedenheit betrifft nur die Entwicklung des Mittelkörpers, und beruht darin, dass dieser bei dem Weibchen — offenbar mit Rücksicht auf die räumlichen Bedürfnisse des Fruchthälters — mächtig ausgewachsen ist.

Was wir so eben als weibliche und männliche Keimdrüse kennen gelernt haben, ist übrigens schon vor der geschlechtlichen Reife in den eingekapselten Muskeltrichinen vorhanden (Fig. 12). Es ist der zuerst von Luschka beschriebene und von Küchenmeister später in seiner wahren Bedeutung erkannte Genitalschlauch. Die Uebereinstimmung dieser Gebilde wird nicht bloss durch die Lage ausser Zweifel gestellt, sondern auch dadurch bewiesen, dass der Farre'sche Körnerhaufen, der bei den Muskeltrichinen bekanntlich in das vordere Ende des Genitalschlauches eingeschlossen ist, auch bei den entwickelten Thieren, besonders den Weibchen, nicht selten an der Uebergangsstelle der Keimdrüse in den

*) Archiv für wissensch. Heilkunde I. S. 58. Was Fiedler als Penis der Trichinen beschrieben hat (Wagner's Archiv für Heilkunde V. S. 15) könnte möglichenfalls die nach aussen umgestülpte Cloake gewesen sein. Da er aber später (ebendas. S. 468) angiebt, dasselbe auch bei weiblichen Thieren beobachtet zu haben, bei denen die Cloake niemals vorfüllt, so vermuthe ich, dass er die Chitinbekleidung des Mastdarms dafür genommen hat, die bei Druck nicht selten — schon bei den Muskeltrichinen — aus der Afteröffnung hervortritt. Auch Ordonnez hat, und zwar gerade bei den Muskeltrichinen, denselben Irrthum begangen (Annales des sc. nat. 1863. T. XVIII p. 324).
**) Hist. natur. des Helminthes. p. 24.

4 *

Keimleiter in unveränderter Form gefunden wird. Derselbe besteht aus scharf contourirten, oft etwas eckigen Körperchen, die weit grösser sind, als die Kerne der Samenzellen (mit denen sie oft untermischt im Innern der weiblichen Samentasche gefunden werden) und auch ein sehr viel stärkeres Lichtbrechungsvermögen besitzen. Dem Aussehen nach möchte ich sie fast für solide Chitinballen halten, ähnlich denen, die ich auf einer gewissen Entwicklungsstufe in der Geschlechtscloake der männlichen Pentastomen gefunden habe*). Auch mit den Excretkörperchen gewisser Thiere haben dieselben einige Aehnlichkeit.

Aber nicht bloss, dass die Muskeltrichinen eine Anlage der Keimdrüse besitzen, man kann sich durch sorgfältige Untersuchung auch weiter davon überzeugen, dass sie bereits mit einem Keimleiter versehen sind. Es ist ein dünner Kanal, der aus dem Vorderende der Keimdrüse hervorkommt und dann entweder, bei den weiblichen Trichinen, in gerader Richtung nach vorn läuft (Fig. 12) oder, bei den männlichen Thieren, nach hinten umbiegt. Bei den letztern ist es mir einige Male sogar gelungen, mit aller Bestimmtheit (Fig. 10 u. 11) eine Einmündung in den Mastdarm zu beobachten**). Weniger glücklich war ich in Betreff des weiblichen Leitungskanales, den ich niemals bis an sein Ende verfolgen konnte.

Jedenfalls beweisen diese — später auch von Pagenstecher bestätigten — Beobachtungen so viel, dass bereits bei den Muskeltrichinen beiderlei Geschlechter differenzirt sind***).

Wenn wir nach diesen Bemerkungen über die Muskeltrichinen wieder zu den Darmtrichinen meines Versuchsthieres zurückkehren und uns — mit Rücksicht auf die früher herrschenden Vermuthungen einer Metamorphose in Trichocephalus oder eine andere Wurmform — die Frage vorlegen, ob dieselben in dem gegenwärtigen Zustande bereits als völlig ausgebildete Thiere zu betrachten seien, so wird die Antwort darauf nicht anders als bejahend ausfallen können. Unsere Thiere besitzen nicht bloss ihre volle Geschlechtsreife, sondern haben auch schon den Begattungsact vollzogen und ihre Eier befruchtet — Beweise genug, dass ihre körperliche Entwicklung zum vollen Abschluss gekommen ist. Trotz der geringen Körpergrösse unserer Darmtrichinen lag somit nicht der geringste Grund vor, bei denselben noch eine weitere Metamorphose zu erwarten.

Dass dieser Schluss vollkommen berechtigt war, wurde durch die Untersuchung des zweiten Hundes, am siebenten Tage nach der Fütterung, zur Evidenz erwiesen.

Obwohl inzwischen fast das Doppelte des früheren Termines verstrichen war, zeigten die noch immer in gleicher Menge vorhandenen Trichinen ganz genau das frühere Aussehen. Nirgends auch nur eine Andeutung einer weiteren Umwandlung. Nur in einem Punkte war eine Veränderung vor sich gegangen: die in dem Fruchthälter eingeschlossenen Eier hatten sich grösstentheils in Embryonen verwandelt (Fig. 2).

---

*) Bau und Entwicklung der Pentastomen, Leipzig. 1860. S. 140.

**) Auch Bristowe und Rainey glauben bisweilen bei den Muskeltrichinen eine Verbindung des Genitalschlauches mit dem After gesehen zu haben, lassen die Verbindungsröhre aber von dem hintern Theil der Keimdrüse abgehen. (Wahrscheinlich sind dieselben durch die sog. Seitenorgane getäuscht worden.)

***) Prof. Claus hat mir die Mittheilung gemacht, dass auch der Zelleninhalt der Keimdrüsen bei den Muskeltrichinen gewisse, mit der Geschlechtsdifferenzirung zusammenhängende Verschiedenheiten darbiete. Die weiblichen Muskeltrichinen enthalten bereits (Tab. I, Fig. 16) unverkennbare Eier. Die Trichinen unterscheiden sich somit von den übrigen Nematoden, bei denen die Geschlechtsentwicklung gewöhnlich erst nach der Uebertragung in den definitiven Träger vor sich geht. (Leuckart, zur Entwicklungsgeschichte der Nematoden, im Archiv für wissenschaftliche Heilkunde Bd. II. S. 205 u. a. a. St.)

Der Process dieser Embryonenbildung (vgl. Fig. 3) war überall auf das Vollständigste zu überblicken. Sobald die Klüftung vollendet ist, nimmt der Dotter eine abweichende Form an. Er wird länglich, öfters auch durch Verdickung des einen Endes etwas keulenförmig, knickt dann bei stärkerer Verlängerung in der Mitte ein, krümmt die beiden immer mehr auswachsenden Schenkel schlingenförmig zusammen und rollt sich schliesslich unter beständiger Verlängerung und gleichzeitiger Dickenabnahme in ein rundliches Knäuel auf. In manchen Fällen hat es mir geschienen, als wenn der letzterwähnte Vorgang vorzugsweise, wenn nicht ausschliesslich, durch Auswachsen des einen Schenkels vermittelt werde. Die zarte Dotterhaut schwindet erst nach vollständiger Ausbildung des Embryonalkörpers, den man schon frühe, bald nach der Knickung, in deutlicher Bewegung sieht.

Der ausgebildete Embryo ist ein fadenförmiges Würmchen von gewöhnlich 0,011 Mm. Länge und einer überall ziemlich gleichmässigen Dicke (0,0056—0,006 Mm.). Seine Enden sind abgerundet und so wenig verschieden, dass es schwer hält, ein vorderes und hinteres Ende mit Sicherheit zu unterscheiden. Eben so wenig ist eine bestimmte innere Organisation nachzuweisen. Das ganze Parenchym scheint aus einer fast gleichförmigen Substanz von feinkörniger Beschaffenheit zu bestehen. Dass trotzdem aber eine organologische Differenzirung bereits stattgefunden hat, ist nicht zu bezweifeln, zumal man, besonders bei Beginn der Embryonalentwicklung, zwei von einander verschiedene Zellenschichten, eine peripherische und eine centrale, deutlich unterscheidet.

Mit den ersten Anfängen der Embryonalbildung nimmt die Dottermasse, wie bei zahlreichen anderen viviparen Thieren, an Grösse zu, so dass die Eier allmählich einen Durchmesser von 0,03 Mm. erhalten. Die Zahl der Embryonen ist trotzdem aber so beträchtlich, dass man sie reichlich auf 150 und darüber, vielleicht auf 200 veranschlagen darf, wozu dann weiter in dem hintern Abschnitte des Fruchthälters ungefähr noch 200 bis 250 weniger entwickelte Eier mit rundlichem Dotter kommen *). Der Raum für diese Masse ist dadurch gewonnen, dass theils die durchschnittliche Körpergrösse der Weibchen (und damit denn auch zugleich die Länge des Fruchthälters) gegen früher zugenommen hat — ich maass einzelne Exemplare von 3,4 Mm. —, theils auch der Fruchthälter stärker und weiter gefüllt ist. In der Mehrzahl der Fälle reichten die Embryonen vorn bis über den Magengrund hinaus, so dass nur das scheidenartig verdünnte vorderste Ende des Fruchthälters leer blieb.

Die zarte Eihaut geht bei unseren Thieren, wie schon erwähnt wurde, nach vollendeter Embryonalentwicklung verloren, so dass die reifen Embryonen völlig frei neben einander liegen. Unsere Trichinen sind also vivipare Nematoden im strengsten Sinne des Wortes. Frisch aus der warmen Leiche genommen oder nachträglich erwärmt, zeigen die Embryonen in dem Fruchthälter deutliche Ortsbewegungen, zumal der letztere gleichzeitig selbst auch kräftige Zusammenziehungen vornimmt. Bisweilen sieht man unter solchen Umständen die Embryonen auch einzeln aus der Geschlechtsöffnung hervorschlüpfen. Auch tief unten im Fruchthälter, zwischen den Eiern, werden mitunter Embryonen beobachtet.

---

*) In der früheren Auflage habe ich diese Zahlen viel zu niedrig (auf 60—80 Embryonen und 40—50 Eier mit noch rundlichem Dotter) angegeben. Pagenstecher schätzt die Menge der gleichzeitig in dem Fruchthälter enthaltenen Eier und Embryonen auf 5—600. A. a. O. S. 92.

Die männlichen Parasiten dieses zweiten Hundes waren natürlich genau mit den frühern identisch, nur seltener als im ersten Falle, indem jetzt durchschnittlich nur einer auf etwa 40 Weibchen kam (im ersten Falle vielleicht 1 : 10—20).

Als Hauptsitz der Trichinen ergab sich auch dieses Mal die zweite Hälfte des Dünndarms, jedoch waren die Würmer von da nach hinten auch bis in den Blind- und Dickdarm hinein verbreitet. Das Aussehen der afficirten Darmstelle war dasselbe geblieben: auch hier eine dick aufgelockerte Schleimhaut mit zahllosen Psorospermien.

Es scheint hiernach, als wenn die Fütterung mit Trichinen bei den Hunden gewisse pathologische Veränderungen der Darmschleimhaut hervorruft, die wesentlich congestiver und katarrhalischer Natur sind und nach aller Wahrscheinlichkeit auch wohl die Ursache der schon Eingangs erwähnten Krankheitserscheinungen abgeben. Welche Bedeutung die Psorospermien bei diesen Veränderungen haben, bleibt zweifelhaft, wie denn bekanntlich die ganze Natur dieser Bildungen noch in tiefes Dunkel gehüllt ist. Bei späteren Gelegenheiten habe ich mich übrigens davon überzeugt, dass Darm-Psorospermien auch ohne Trichineninfection auftreten und nicht bloss bei dem Hunde gefunden werden. Ob es freilich überall (bei Schafen und Kaninchen) dieselben Arten sind, bleibt zweifelhaft. Ist die Darmschleimhaut nur wenig verändert, dann sieht man dieselben — im entwickelten und weniger entwickelten Zustande, kleiner, ohne dunklen Körnerinhalt und scharf gezeichnete Hülle — einzeln zwischen die Epithelialzellen der Darmhaut eingelagert.

Was das Aussehen der bei den Hunden von mir aufgefundenen Psorospermien betrifft, so erschienen dieselben als Bläschen von ovaler Form mit einer scharf contourirten, fast schalenartigen Hülle und einem körnigen Inhalte. Die Körnermasse war auf einen Haufen zusammengeballt, der keineswegs den ganzen Innenraum ausfüllte. Der übrige Inhalt bestand aus einer eiweissartig hellen Substanz, die mitunter wie in eine strang- oder wurstförmige Masse zusammengedreht war, so dass ich fast an Nematodeneier erinnert ward. Als ich dieselben zum ersten Male erblickte, glaubte ich wirklich, die abgelegten und weiter entwickelten Trichineneier vor Augen zu haben, bis ich erkannte, dass Aussehen und Grösse (die Psorospermien maassen nur 0,01 Mm.) durchaus verschieden waren.

Bei dem dritten, 12 Tage nach der Fütterung untersuchten Hunde wurden unsere Trichinen wiederum in unveränderter Form und in gleicher Entwicklung, wie das zweite Mal, aufgefunden. Die Zahl derselben war freilich eine ungleich geringere; ich zählte in einer mehr als zolllangen, sorgfältig untersuchten Darmstrecke kaum mehr als ein Dutzend Exemplare. Ueberdiess war es fast ausschliesslich der Dickdarm, in dem die Trichinen dieses Mal vorkamen. Die frühere Auflockerung der Schleimhaut mit den Psorospermien war verschwunden; der Darm des Thieres hatte seine normale Beschaffenheit wieder angenommen.

Vielleicht darf man diesen Befund dahin auslegen, dass die Darmtrichinen, so massenhaft sie anfangs auch vorkommen, doch nur eine kurze Zeit ausdauern. Mit dieser Annahme stimmte auch die Thatsache, dass ich bei meinem zweiten Hunde mehrfach trächtige Trichinen im Kothe gesehen hatte. Ebenso würde es dadurch erklärt sein, warum ich in früheren Jahren, wo ich gleichfalls schon einige Male trichiniges Fleisch an Hunde verfüttert hatte, die ich aber erst später (in der dritten Woche) untersuchte, niemals eine Spur von unseren Würmern antraf.

Dem sei nun aber, wie ihm wolle, so viel ist gewiss, dass nach den übereinstimmenden Resultaten der hier mitgetheilten Experimente und Untersuchungen an eine nachträgliche Metamorphose der Darmtrichinen nicht mehr zu denken ist. Die Trichina spiralis der Muskeln entwickelt sich im Darmkanale also weder zu Trichocephalus*), noch zu Strongylus oder Filaria, sondern zu einem selbstständigen kleinen Nematoden, der den früheren Helminthologen unbekannt war und mit Fug und Recht auch im ausgebildeten Zustande den Namen seiner Jugendform behalten mag.

Auch über die natürlichen Verwandtschaften unserer Trichinen kann nach den voranstehenden Bemerkungen kaum ein Zweifel obwalten. Die schlanke Körperform und terminale Lage der Darmöffnungen, die einfache Bildung des Kopfendes, die Anwesenheit eines langen Zellenschlauches neben dem Oesophagus und die Anordnung des Geschlechtsapparates — das Alles weist auf eine innige Beziehung zu Trichosomum und Trichocephalus hin. Die drei Geschlechter zusammen bilden eine scharf begrenzte kleine Familie, für die man immerhin die Diesing'sche Bezeichnung Trichotracheliden beibehalten kann, obwohl Diesing selbst**) das Gen. Trichina davon ausschliesst und zum Repräsentanten einer eigenen Familie (Trichinidae) macht.

Die zoologische Diagnose unseres Wurmes dürfte sich ungefähr folgendermaassen feststellen lassen.

Gen. Trichina (ex ord. Nematodum, fam. Trichotrachelidum). Corpus teretiusculum, capillare, subrectum aut arcuatum, postice rotundatum, collum longum, attenuatum. Caput corpore continuum. Os terminale nudum. Extremitas caudalis maris recta***) biloba, apertura genitali cum ano confluente. Cloaca protractilis. Spicula nulla. Vulva in parte colli inferiore.

Trichina spiralis. Species hucusque unica†), vivipara, in intestino mammalium endoparasita. Long. maris ad 1,5 Mm., feminae ad 3 usque et supra. In statu imperfecto in musculis mammalium obvia, spiraliter contorta, vesicula plerumque calcarea inclusa, cujus extremitates saepe papilliformes.

Die Schweinchen, die mit den drei Hunden gleichzeitig gefüttert waren, blieben einstweilen am Leben, und dienten inzwischen zu anderweitigen Versuchen. Nach den bei den

---

*) Ich habe schon oben (S. 10) angedeutet, dass der Fund von Trichocephalus bei dem mit trichinigem Fleische von mir gefütterten Schweinchen keineswegs die Beweiskraft hatte, die ich demselben anfangs beizulegen geneigt war. Auch der experimentirende Helminthologe hat zu beherzigen, dass das: „post hoc, ergo propter hoc" nicht immer das Richtige ist.

**) Sitzungsber. der Wiener Akademie 1860. Bd. 42. S. 693.

***) So muss ich nach wie vor behaupten, obwohl Zenker zu meiner Angabe in der ersten Mittheilung über die geschlechtsreife Trichina, „dass eine Einrollung der Schwanzspitze fehle", bemerkt hat (Archiv für pathologische Anat. Bd. 18. S. 566), dass er wenigstens bei vielen Männchen das Hinterleibsende „etwas umgebogen" gefunden habe. Die Biegungen, die man bei männlichen Trichinen gelegentlich sieht, sind nicht stärker, als die Biegungen des übrigen Körpers und haben für die Charakteristik des männlichen Geschlechts um so weniger Bedeutung, als sie nach dem Rücken zu gerichtet sind, während die Einrollung am Schwanzende der Ascariden, an die Zenker offenbar gedacht hat, dem Bauche zugewandt ist. (Bei starker Füllung der Samenblase sieht man das Hinterleibsende der männlichen Trichine mitunter übrigens gleichfalls nach der Bauchfläche gekrümmt, wie ich das Tab. I, Fig. 6 habe darstellen lassen.)

†) Was man gelegentlich als Tr. affinis aufgeführt hat, ist entweder mit der Trichina spiralis identisch (wie Leidy's Schweinetrichinen) oder überhaupt keine Trichina. Wie schon früher erwähnt, hat man mit dem Genusnamen Trichina gelegentlich die Jugendzustände der verschiedensten Nematoden bezeichnet. Die Trichine des Maulwurfs z. B. ist eine Ascaris, die der Insectenlarven eine Spiroptera u. s. w.

Hunden gewonnenen Resultaten schien es nicht nöthig, dieselben auf Trichocephalen zu prüfen. Das Einzige, was ich bei ihnen zu finden hoffen konnte, waren Darmtrichinen, und diese hatte ich von den Hunden einstweilen in genügender Menge erhalten. Hätte mich ein günstiger Zufall trotzdem veranlasst, sie zu untersuchen — dann würde ich vielleicht schon jetzt das Glück gehabt haben, die Trichinenfrage vollständig zu lösen.

Zweite Versuchsreihe.

Erziehung der Muskeltrichinen durch Uebertragung von Embryonen *).

Nachdem es in der vorstehend beschriebenen Weise gelungen war, die Trichina spiralis der menschlichen Muskeln in dem Hundedarme zu einem geschlechtsreifen, trächtigen Nematoden zu entwickeln, musste natürlich mein nächstes Bestreben dahin gehen, die junge Brut dieser Würmer wieder zu Muskeltrichinen zu erziehen. Nach den Erfahrungen an anderen Eingeweidewürmern, besonders Bandwürmern und Pentastomen, war es zu diesem Zwecke genügend, die trächtigen Parasiten an geeignete Thiere zu verfüttern.

Eingedenk der Angaben Leidy's, nach denen die Trichina spiralis oder doch ein nahe verwandtes Thier gelegentlich in den Muskeln des Schweines gefunden werde, konnte ich in der Wahl des Versuchsthieres kaum zweifelhaft sein. Ich verschaffte mir also abermals ein junges Schweinchen und verfütterte an dasselbe (in den letzten Tagen des Monats Januar) den Darm meines zweiten Hundes sammt Inhalt. Die Mahlzeit wurde mit grossem Appetit verzehrt, aber schon am nächsten Tage folgten auch hier mancherlei krankhafte Symptome. Das Thier verlor die Esslust, liess Kopf und Schwanz hängen, knirschte mit den Zähnen, zog den Bauch ein und verrieth auf das Deutlichste, dass es von kolikartigen Schmerzen geplagt sei. In den nächsten Tagen steigerten sich die Symptome so sehr, dass das Thier sich legen musste. Der Kopf wurde heiss; es hatte das Leiden offenbar einen sehr febrilen Charakter angenommen. Als sich das Thier ungefähr am achten Tage der Krankheit so weit erholt hatte, dass es wieder mit Appetit frass, bemerkte ich an demselben eine eigenthümliche Unsicherheit der Bewegungen, besonders beim Gebrauche der hintern Extremitäten, eine Erscheinung, die in den folgenden Tagen immer mehr zunahm, und am 18. Februar in eine vollständige Lähmung, zunächst wiederum der hintern Extremitäten, überging. Das Thier konnte nicht mehr gehen, es lag, und fiel, wenn man es aufgerichtet hatte, bei den ersten Schritten wiederum zu Boden. Seit dem 23. d. M. war das Thier fast völlig bewegungslos. Die Extremitäten waren steif und kalt und schienen bei Bewegung auch schmerzhaft — wie wenigstens das einen jeden Versuch begleitende Schreien glauben liess. Urin und Koth gingen, wie es schien, unwillkürlich ab. Die Stimme, die schon früher, schon in der ersten Woche, heiser geworden war, verlor alles Metall und verwandelte sich in ein kraftloses Schreien, das mehr Aehnlichkeit mit dem Mäckern des Schafes, als dem frühern Grunzen hatte. Trotz dieser Leiden schienen übrigens die vegetativen

---

*) Vergl. Zeitschrift für ration. Medicin u. a. O. S. 335, wo (d. d. 5. März) auch eine kurze Darstellung des nachfolgenden Experimentes gegeben ist.

Functionen in normaler Weise von Statten zu gehen, wie denn namentlich auch die Fress-lust nur wenig getrübt war.

Obwohl ich über die Ursache der Erkrankung keinen Zweifel hegen konnte, war ich doch anfangs mehr geneigt, das Leiden meines Versuchsthieres von einer Affection des centralen Nervensystems herzuleiten, als von einer directen Einwirkung auf die Muskeln. Ich sah desshalb auch stündlich dem Tode des Thieres entgegen. Allein der Verlauf war ein anderer. Bei sorgsamer Pflege (Aufenthalt an einem geheizten Orte und Milchdiät) besserte sich das Befinden zusehends. Das Schweinchen richtete sich dann und wann auf, machte auch, in die richtige Position gebracht, Gehversuche, ging selbst einige Schritte — und würde vielleicht allmählich völlig genesen sein, wenn ich es nicht im Interesse des Ver-suchs für zweckmässig gehalten hätte, es am 3. März zu tödten.

Bei der Section zeigten sich zunächst sehr auffallende Spuren einer ausgebreiteten Peritonitis. Die Windungen des Dünndarms waren zu einem einzigen Knäuel verklebt und mit dem Dickdarm und der Peritonealbekleidung der Leibeshöhle in festem Zusammenhang. Sonst aber war der Darm vollkommen gesund und ohne Spur der gefütterten Parasiten. Eben so wenig zeigte sich im Hirn und Rückenmark irgend eine Veränderung. Auch die Muskeln schienen anfangs völlig gesund. Nirgends Cysten oder weissliche Flecken, wie sie sonst die Anwesenheit von Trichinen kundthun. Als ich aber ein Stückchen Intercostal-muskel unter das Mikroskop brachte — da staunte ich ob des Anblickes, der sich mir darbot. Trichine lag neben Trichine, alle von derselben Entwicklung, ausgewachsen oder doch nur wenig hinter der Grösse der menschlichen Trichinen zurückbleibend (meistens 0,8 Mm.). Nur darin fand sich ein Unterschied von den früher beobachteten Trichinen, dass der von Farre entdeckte Körnerhaufen, der sonst in dem vordern Ende des Genital-schlauches eingebettet liegt, hier in allen Exemplaren fehlte — ein Umstand, der natürlich nichts Anderes beweist, als dass dieses Gebilde erst eine längere Zeit nach der Einwande-rung der Trichinen seinen Ursprung nimmt*).

Noch auffallender aber war es, dass den Trichinen meines Schweinchens auch die bekannte kalkhaltige Kapsel abging. Allerdings lagen die Trichinen in einem hellen Raume, der zwischen die Muskelfasern eingeschoben war und durch Grösse, wie spindel-förmige Gestalt einigermaassen den spätern Cystenräumen glich, aber eine umschliessende Kapsel war, wie gesagt, nicht vorhanden.

Ich muss übrigens hinzufügen, dass mir dieser Anblick nicht völlig neu war. Wenige Tage nach der Fütterung meines Schweinchens hatte ich durch die zuvorkommende Freundlichkeit des Herrn Prof. Zenker in Dresden ein Stückchen Fleisch erhalten, „den mit freien, nicht eingebalgten Trichinen auf das Dichteste durchsetzten Muskel einer jungen Magd", und schon hier war mir der oben erwähnte spindelförmige Raum im Umkreis der Trichinen aufgefallen. Auch darin glichen diese Trichinen denen von mir gezogenen, dass der Farre'sche Körnerhaufen noch nicht entwickelt war.

Der Muskel gehörte derselben Person an, die schon in der historischen Einleitung unserer Untersuchungen mehrfach erwähnt ist und, wie dort specieller erörtert worden, in der Geschichte der Trichinenfrage eine bedeutungsvolle Rolle gespielt hat. Zenker schrieb

---

*) Es stimmt das durchaus mit der Vermuthung überein, die ich schon früher über die Natur dieser Massen (S. 28) ausgesprochen habe.

mir bei der Uebersendung, dass die Person wohl an den Trichinen zu Grunde gegangen sein möchte. Er nahm also an, dass die Einwanderung der Würmer die Krankheit bedingt habe. Um die Annahme zu beweisen und die Diagnose zu rechtfertigen, hätte das Alter der Trichinen festgestellt werden müssen. Der Mangel der Kapsel liess allerdings vermuthen, dass die Thiere vor nicht allzulanger Zeit eingewandert seien — ob aber vor Wochen, ob vor Monaten, das war bei der gänzlichen Unkenntniss, in der wir damals über die Chronologie der Trichinenentwicklung waren, nicht zu entscheiden.

Mein Fund lieferte nun den Beweis, dass die Zenker'schen Trichinen in der That nicht älter, als etwa 5—6 Wochen waren, die Einwanderung derselben also immerhin mit dem Beginne der Krankheit zusammen gefallen sein könnte, wie denn andererseits auch die Erkrankung meines Schweines schon vorher mich von den Gefahren unterrichtet hatte, welche die Einwanderung der Trichinen in den thierischen Körper mit sich bringt.

Hätte ich den Zenker'schen Fall näher gekannt, so würde ich auch in dem Krankheitsbilde manche auffallende Aehnlichkeit mit meinem Schweinchen aufgefunden haben. So aber wusste ich davon nicht mehr, als was das Gerücht mir zugetragen hatte, dass die Zenker'sche Kranke an Typhus behandelt sei und heftigen Muskelschmerz gehabt habe. Erst später erfuhr ich aus den inzwischen stattgefundenen Publikationen*), dass auch Lähmungserscheinungen, wie bei meinem Schweinchen, vorhanden gewesen.

Bei einer Vergleichung des Dresdener Fleisches wollte es mir übrigens scheinen, als wenn die Trichinen in meinem Schweine noch reichlicher vorhanden wären. In 6 Mgr. Muskelsubstanz zählte ich bei meinem Thiere nicht weniger als 60 Würmer, und doch stammte das Fleisch nicht etwa von einer Stelle, die besonders stark trichinisirt war. Nehmen wir an, dass das Thier im Ganzen etwa 1½ Kilo Muskel besass — was doch am Ende viel zu gering ist — und berechnen wir dann die Gesammtmenge der (nach dem eben hervorgehobenen Verhältniss) etwa vorhandenen Trichinen, dann bekommen wir nicht weniger als 15 Millionen! Am stärksten war die Infection in unmittelbarer Nähe der Brust- und Bauchhöhle, besonders der ersteren, so wie in den Hals- und Kehlkopfmuskeln. Auch die Schliessmuskeln des Mastdarms und der Blase waren reichlich inficirt, während Herz und glatte Muskeln der Eingeweide frei waren. In den Extremitäten nahm die Menge mit der Entfernung von der Basis immer mehr ab, obwohl einzelne Würmer auch noch in den entferntesten Particen gefunden wurden. Im Ganzen enthielt übrigens die vordere Körperhälfte deren weit mehr, als die hintere.

Das Experiment war also gelungen. Es war der Beweis geliefert, dass die Brut der Darmtrichinen sich direct und in kurzer Frist in Muskeltrichinen verwandelt. Aber noch mehr. Es war auch der Beweis geliefert — und zwar zum ersten Male**) geliefert — dass die Einwanderung der Trichinenbrut nichts weniger als ungefährlich ist und das Leben in hohem Grade bedrohet.

---

*) Zenker, Archiv für pathol. Anat. 1860. Bd. 18. S. 561. (Es war ein Gedächtnissfehler, wenn ich in der ersten Auflage dieser Untersuchungen anführte, dass ich von den Muskelschmerzen der Zenker'schen Kranken in dessen Briefe gelesen hätte.)

**) Dass Zenker schon vor mir die Existenz der Trichinenkrankheit vermuthete und den Beweis für die Richtigkeit seiner Vermuthung später — wenn auch nicht auf experimentellem Wege — selbst beibrachte (S. 14), ändert an der Sachlage und dem Werthe meines Experimentes nicht das Geringste. Bis zu dem zuerst von mir erbrachten Beweise war die Annahme einer Trichinenkrankheit eine Hypothese, die ohne weitere Begründung auch

Der Weg, auf dem die Embryonen aus dem Darmkanale des gefütterten Schweines in die Muskeln eingedrungen waren, blieb mir einstweilen unbekannt. Es bedurfte einer anderen Methode und anderer Versuche, denselben zu erforschen. Aber eine Vermuthung war erlaubt, und so vermuthete ich denn in Uebereinstimmung mit gewissen*), seither auch von anderer Seite**) bestätigten Beobachtungen, die ich früher über die Wanderungen der Bandwurmembryonen angestellt hatte, dass es die Blutgefässe sein möchten, durch welche die Embryonen in die Muskeln gelangten. Die Vermuthung erhielt dadurch noch einige Wahrscheinlichkeit, dass „filarienartige" Jugendformen von Nematoden schon mehrfach in dem Blute von Säugethieren gesehen waren (Gruby et Delafond, Wedl, Herbst u. A.).

Wenn die Embryonen nun aber mit der Blutwelle wanderten, so mussten sie natürlich im ganzen Körper verbreitet werden. Die spätere ausschliessliche Anwesenheit in den Muskeln würde dann so viel beweisen, dass hier allein die günstigen Bedingungen für die weitere Entwicklung vorhanden waren. (Ebenso entwickelt sich z. B. der Coenurus nur in der Schädelhöhle, obgleich er nachgewiesener Maassen als Embryo auch in die Muskelmasse eindringt.)

In Uebereinstimmung mit dieser Annahme hätten sich dann auch vielleicht die oben geschilderten Zustände meines Versuchsthieres durch eine Einwanderung der Embryonen in die centralen Theile des Nervensystems erklären lassen, wie mir das Anfangs am natürlichsten schien.

Dass es mir nicht gelingen wollte, jetzt, in der fünften Woche nach der Fütterung, derartige Eindringlinge in den Centraltheilen des Nervensystems nachzuweisen, konnte begreiflicher Weise eben so wenig als ein Gegengrund geltend gemacht werden, wie der Umstand, dass die Untersuchung des am dritten Tage nach der Fütterung durch einen Aderlass entnommenen Blutes dieselben negativen Ergebnisse gehabt hatte.

Eine neue Beobachtung sollte mich in meiner Vermuthung noch bestärken. Bei sorgfältiger Zerfaserung der trichinenhaltigen Muskeln fand ich nämlich zu meiner grossen Ueberraschung, dass die oben erwähnten Räume, welche die zusammengerollten Trichinen in sich einschlossen, keine Lücken zwischen den auseinanderweichender Muskelfasern waren, wie es anfangs geschienen und auch Zenker in seinem Falle geglaubt hatte, sondern (Tab. II, Fig. 13, 14) spindelförmige Erweiterungen von Röhren, die parallel mit den Muskelfasern fortliefen. Die Röhren hatten mit wenigen Ausnahmen einen Durchmesser von 0,04—0,05 Mm. und besassen eine verhältnissmässig dicke, doppelt contourirte Hülle, von ziemlich starkem Lichtbrechungsvermögen uud homogener Beschaffenheit. Nach Zusatz von Essigsäure traten auf derselben auch deutliche Kerne hervor. Der Inhalt der Röhren bestand aus einer fein granulirten Substanz mit eingelagerten grösseren Körperchen von

---

nach Zenker kein anderes Schicksal gehabt haben würde, als nach Wood, der ja, wie wir wissen (S. 13), schon vor Zenker an die Möglichkeit einer Trichinengefahr dachte. Der von mir angestellte Versuch verhält sich mit seinen Resultaten zu der Zenker'schen Annahme der Trichinenkrankheit genau so, wie das Virchow'sche Kaninchen-experiment (S. 14) zu der Schlussfolgerung, durch die Zenker auf die Existenz einer Selbstinfection geführt wurde. Vergl. Leuckart, Archiv für wissensch. Heilkunde Bd. II. S. 235.

*) Leuckart, Blasenbandwürmer 1856. S. 110.

**) Leisering, in dem Bericht über das Veterinärwesen im Königreich Sachsen. 1857. S. 22.

zellenartiger Beschaffenheit, ganz übereinstimmend mit der Masse, die wir durch Luschka aus dem Innern der Trichinenkapsel kennen gelernt hatten. Die spindelförmige Erweiterung maass in der Regel das Fünf- und Sechsfache von dem Querdurchmesser der Röhre und hatte mitunter die Länge von fast 1 Mm., zeigte aber sonst dieselben Verhältnisse, die wir an der Röhre so eben geschildert haben. Hier und da lagen in einer dann besonders langen Erweiterung zwei und selbst drei Trichinen hinter einander, oder es zeigten sich auch mehrere Anschwellungen in einiger Entfernung hinter einander an derselben Röhre.

Die Röhre war augenscheinlicher Weise kein normales, sondern ein verändertes Gebilde des Muskels. Bei dem Versuche einer Reduction konnten nur zweierlei Bestandtheile in Betracht kommen, Muskelbündel resp. Sarcolemmaschläuche und Blutgefässe. Die Abwesenheit von Verästelungen sprach für eine Abstammung von den ersteren, aber trotzdem neigte ich mich mehr der Annahme zu, dass die Röhren aus veränderten Blutgefässen hervorgegangen seien*). Es war, wie ich mich bald selbst überzeugen sollte, ein Irrthum, aber, wie ich glaube, ein durchaus verzeihlicher, der wohl hauptsächlich durch die Ansichten bedingt wurde, die ich mir auf inductivem Wege über die Wanderungen der jungen Embryonen gebildet hatte. Da sich übrigens die Röhren auch von den normalen Sarcolemmaschläuchen (durch Dicke und Beschaffenheit der Wandungen) auffallend unterschieden, war die Entscheidung keineswegs so leicht, als es hinterher den Anschein hat. Selbst erfahrene Mikroskopiker, denen ich meine Präparate vorlegte, stimmten mit mir darin überein, dass es zur sicheren Begründung des Urtheils des genetischen Nachweises bedürfe. In welcher Weise derselbe beigebracht wurde, wird der folgende Abschnitt lehren. —

Ich kann übrigens meine Mittheilungen über das hier näher beschriebene Experiment in der zweiten Auflage meiner Untersuchungen nicht beschliessen, ohne dasselbe gegen die Zweifel in Schutz zu nehmen, die jüngst von Pagenstecher darüber geäussert sind**). Pagenstecher, der das Fütterungsexperiment mit trichinenhaltigem Darm bei vier verschiedenen Thieren (Schwein, Ratte, Kaninchen, Huhn) wiederholte und nur bei der Ratte „drei eingekapselte Trichinen im Zwerchfell" zu registriren fand, kann sich des Verdachtes nicht entschlagen, dass bei meinem Schweinchen schon vor der Fütterung mit dem Hundedarme eine starke Infection stattgefunden habe. Trotz meiner ausdrücklichen Angabe, dass das Versuchsthier keines der zwei von mir früher gefütterten Schweine gewesen sei, scheint er an eine Verwechselung mit einem dieser beiden Thiere zu glauben. Eine solche könnte nur durch eine grobe Fahrlässigkeit meines Dieners geschehen sein, die ich zu vermuthen einstweilen noch keine Veranlassung habe. Die Abwesenheit von Darmtrichinen und die gleichmässige Entwicklung der Muskeltrichinen sprechen auch keineswegs zu Gunsten einer derartigen Annahme.

So viel aber gebe ich gern zu, dass es übertrieben war, wenn man aus meinem einen Versuche ohne Weiteres geschlossen hat, „dass die Infection mit Trichinen eben so leicht und so sicher durch trichinenhaltigen Koth geschehe, wie auf dem Wege der Selbstinfection".

*) Es spricht sehr wenig für meine diplomatischen Talente, dass ich diese Ansicht, sobald sie sich mir einmal aufgedrängt hatte, alsbald auch brieflich mittheilte — aber andererseits ist es auch nicht eben rücksichtsvoll, solche confidentielle Mittheilungen hinterher der Oeffentlichkeit zu übergeben. Vergl. Virchow, Archiv für pathol. Anat. 1864. Bd. 32 S. 343.
**) A. a. O. S. 26.

Noch bevor mir die Bedenken von Pagenstecher bekannt waren, hatte ich zwei Male bei Kaninchen vergebens den Versuch gemacht, durch Verfütterung trächtiger Trichinen eine Uebertragung zu erzielen. Und doch erkrankte eines dieser Kaninchen in bedenklichster Weise, als ich es später mit Muskeltrichinen inficirte. In einem dritten Falle sah ich nach der Verfütterung eines trichinenhaltigen Darmes mässige Mengen von Würmern sich entwickeln. Einen ähnlichen Fall beobachtete auch, nach brieflichen Mittheilungen, Prof. Kühn*) in Halle, wie denn Prof. Haubner gleichfalls in einem Falle die Ansteckung eines Schweines mit dem Kothe der damit in demselben Stalle zusammenlebenden trichinisirten Thiere anzunehmen sich berechtigt sah**). Ebenso lese ich in dem stenographischen Berichte der Verhandlungen über die Trichinenfrage in der Versammlung des Berliner Schlächtergewerkes eine Mittheilung von Prof. Virchow***), nach welcher Prof. Mosler in Greifswalde in Gemeinschaft mit Fürstenberg durch Wiederholung meines Versuches ein „ganz ähnliches Resultat" erzielt habe.

Sobald einmal die Infectionsfähigkeit des trichinenhaltigen Kothes im Allgemeinen bewiesen ist, braucht es für meinen Befund keine weitere Rechtfertigung. Es erübrigt höchstens noch die Annahme, dass die Bedingungen der Infection in meinem Falle besonders günstig waren. Und dass in dieser Hinsicht gar mancherlei, wenn auch einstweilen ihrer Natur nach nur wenig bekannte, Unterschiede obwalten, davon werden wir uns später noch mehrfach zu überzeugen haben. Ein Jeder, der Trichinenexperimente oder sonst helminthologische Versuche anstellt, wird bald die Erfahrung machen, dass der Massenerfolg keineswegs in allen Fällen der Einfuhr entspricht, wie denn auch gar häufig das erwartete, und nach aller Analogie mit Sicherheit erwartete Resultat vollständig ausbleibt.

Ich will übrigens schliesslich daran erinnern, dass es nach meinen Untersuchungen bei den Mäusen trichinenartig eingekapselte Muskelwürmer giebt (Ollulanus, aus der Familie der Strongyliden — die übrigens ein Unkundiger gar leicht für Trichinen halten könnte), welche im Gegensatze zu den hier uns beschäftigenden Würmern ausschliesslich von den Embryonen abstammen, die mit dem Kothe der Wohnthiere (Katzen) nach aussen abgehen†).

---

*) Kühn hat diesen Fall in dem so eben (Mittheilungen des landwirthschaftl. Institutes der Universität Halle. 1865. S. 1) veröffentlichten Berichte von seinen Untersuchungen über die Trichinenkrankheit der Schweine (S. 31 ff.) ausführlich beschrieben. Es fanden sich bei der Section ganz junge Muskeltrichinen, obwohl die Fütterung mit dem Trichinendarm 14 Tage vor dem Tode stattgefunden hatte, und auch zahlreiche Darmtrichinen. Der Fall gehört also nicht hieher und kann nur durch die Annahme einer zufälligen späteren Infection — wahrscheinlich durch den Genuss einer trichinigen Ratte, wie solche damals in den Localitäten des Halle'schen landwirthschaftlichen Institutes mehrfach vorkamen — erklärt werden. In drei anderen Versuchen erhielt Kühn nach Fütterung von trichinenhaltigen Därmen blosse negative Resultate. Darauf hin wird der — meiner Ansicht nach denn doch wohl etwas zu allgemein gehaltene — Satz ausgesprochen, dass Darmtrichinen keine Infection zu bewirken vermögen. (A. a. O. S. 44.) Späterer Zusatz.

**) Ueber die Trichinen. 1864. S. 20.

***) A. a. O. S. 9.

†) Archiv für wissenschaftliche Heilkunde Bd. II. S. 197.

38

Dritte Untersuchungsreihe.

Wanderungen und Entwicklungsgeschichte *).

Obwohl mir meine bisherigen Beobachtungen einen, wie es anfangs schien, ziemlich vollständigen Ueberblick über die Lebensgeschichte der Trichinen verschafft hatten, waren doch immer noch zahlreiche wichtige Punkte, namentlich in Betreff der Wanderung und Entwicklung, zur Erledigung übrig geblieben. Um diese Lücken auszufüllen und auch meine Erfahrungen über das Vorkommen unserer Würmer an einem möglichst grossen Untersuchungsmateriale zu erweitern, entschloss ich mich dieses Mal, nicht bloss Hunde, sondern auch andere Säugethiere zum Versuche heranzuziehen. Der Erfolg der von mir früher an Mäusen angestellten Experimente (S. 7) hatte mir ja zur Genüge bewiesen, dass der Hund nicht den einzigen Träger der Darmtrichinen abgiebt. Ueberdiess enthielt das Fleisch, das mir zum Verfüttern übrig geblieben war, solche Unsummen von Trichinen, dass eine sparsame Beschränkung in der Auswahl der Versuchsthiere nicht am Platze gewesen wäre. Ich hätte höchstens fürchten können, dass die Abwesenheit der kalkigen Cyste die Entwicklung meiner Trichinen zu geschlechtsreifen Würmern überhaupt verhindern würde, allein in dieser Beziehung war ich bereits durch einen Vorversuch mit dem Zenker'schen Trichinenfleische beruhigt. Ein Hund, den ich mit diesen Trichinen gefüttert hatte und am siebenten Tage darauf untersuchte, zeigte mir, dass die Anwesenheit der Kalkcyste für die Trichinen keine nothwendige Bedingung der Weiterentwicklung in sich schliesse. Die Zahl der (meist in dem mittlern Abschnitt des Dünndarms) von mir aufgefundenen Würmer war freilich in diesem Falle eine nur kleine gewesen, aber dafür war auch die Menge der gefütterten Muskeltrichinen keineswegs so beträchtlich, dass man sich genöthigt gesehen hätte, auf einen ungewöhnlich grossen Ausfall zurückzuschliessen. Diese geringe Menge der Darmtrichinen wird es auch wohl erklären, dass die Schleimhaut des Darmkanals bei dem Versuchsthiere völlig gesund schien und ohne Psorospermien war, wie denn auch sonst alle Symptome einer Erkrankung gefehlt hatten.

Nach diesen Erfahrungen ging ich denn getrost an die Einleitung meiner weiteren Versuche.

Erster Theil.

Entwicklungsgeschichte der Darmtrichinen.

Zwei Hunde, zwei Kaninchen und eine Katze waren schon in Bereitschaft und wurden noch am Tage der Section (3. März) mit dem trichinisirten Schweinefleische gefüttert. Am folgenden Tage wurden denselben noch zwei andere Kaninchen und eine Maus, am 5. eine zweite Maus hinzugefügt, und später, wie wir sehen werden, noch andere Versuchsthiere.

*) Auch hier verweise ich auf die vorläufigen Notizen in dem Zusatze zu meiner zweiten Mittheilung in der Zeitschrift für rationelle Medicin 1860 (d. d. 15. März).

Doch es schien, als wenn ich dieses Mal mit meinen Versuchsthieren kein Glück haben sollte.

Der eine Hund, der das Fleisch in Menge und mit grosser Gier gefressen hatte, erbrach dasselbe in der folgenden Nacht, statt es zu verdauen, und bekam darauf eine heftige Darmaffection mit vollständiger Appetitlosigkeit und starkem Fieber, von der er sich erst allmählich wieder erholte. Fleisch war demselben für längere Zeit verleidet; erst nach etwa zehn Tagen liess er sich zu einer neuen Fütterung verwenden.

Der zweite Hund, ein alter und altersschwacher Hofhund, liess sich durch Nichts bewegen, das rohe Fleisch zu fressen. Selbst der Hunger war schwächer, als sein Widerwillen; noch am fünften Tage war seine Portion unangerührt. Das Fleisch musste ihm darauf mit Gewalt beigebracht werden. Er mag auf diese Weise vielleicht 100 Gr. (= etwa 1 Million Trichinen) verzehrt haben. Ich hoffte auf eine reiche Ernte — aber bei der Section, die am 13. c. vorgenommen wurde, fand sich zu meinem grossen Erstaunen keine einzige Trichine. Nichts Aussergewöhnliches, als eine etwas stärkere Injection der Schleimhaut. Ein Erbrechen hatte nicht stattgefunden, dagegen berichtete mir mein Diener, dass der Hund an den der Fütterung zunächst folgenden Tagen einen rothen, wohl blutigen Stuhlgang gehabt habe.

Die erste Maus wurde am Morgen des 5. c. todt im Käfig gefunden. Das Fleisch, das sie in der Nacht vom 3/4. gefressen hatte, mochte ungefähr anderthalb Gramme (vielleicht 10,000 Trichinen) betragen haben. Die Section liess als Todesursache auch hier eine Darmaffection erkennen. Schon bei äusserer Betrachtung fiel die schöne Injection der Darmwände und die starke Blutfülle der Mesenterialgefässe auf; bei näherer Untersuchung fand sich aber weiter, dass die Innenfläche des Dünndarmes bis unten hin und zum Theil selbst der Dickdarm mit einer zusammenhängenden membranösen Masse von schmutzigem Aussehen überzogen war, die wesentlich wohl durch zerstörte Epithelzellen gebildet sein mochte *). Bei mikroskopischer Untersuchung erkannte ich darin eine feinkörnige Substanz, in welche ausser erkennbaren Resten von Epithelzellen zahllose Fetttropfen und Eiterkörperchen eingebettet waren. Der übrige Inhalt des Dünndarmes bestand, von einigen unvollständig verdauten Speiseresten (zum Theil noch **) mit aufgerollten Trichinen) abgesehen, aus einer wässrigen Flüssigkeit, die namentlich die am stärksten affizirten Theile des Dünndarmes strotzend anfüllte.

Ausser diesen Gebilden enthielt der membranenartige Ueberzug der Darmschleimhaut auch noch eine bedeutende Menge freier Trichinen, die meisten ungefähr 1,5 Millim. lang, einige schon darüber, andere darunter, und gewöhnlich (besonders die Weibchen) in einen ebenen, fast kreisförmig geschlossenen Bogen zusammengerollt. Aber nicht bloss, dass diese Thiere in dem kurzen Zeitraum von 24 Stunden um wenigstens die Hälfte ihrer frühern Grösse gewachsen waren; sie waren zum grossen Theil auch schon (Tab. I, Fig. 1) vollkommen geschlechtsreif, Weibchen und Männchen mit völlig entwickelten Keimstoffen. Eine Begattung hatte

---

*) Die Vergleichung mit einer Croupmembran, die ich in der ersten Auflage mehrfach angestellt habe, scheint mir heute nur wenig passend zu sein, wesshalb ich sie denn auch jetzt fallen lasse.

**) In der Regel pflegt der Uebertritt der Speise (auch des trichinigen Fleisches) aus dem Magen in den Dünndarm 4—6 Stunden nach der Mahlzeit stattzufinden.

40

freilich noch nicht stattgefunden; die Keimleiter waren noch leer*) und die äussern Organe noch unvollkommen ausgebildet. Dafür aber hatte ich die Keimdrüsen, Hoden und Eierstöcke, niemals früher so gross und so strotzend gesehen, als es jetzt der Fall war. In beiden Fällen waren es Schläuche, die reichlich ein Dritttheil von der Gesammtlänge des Körpers in Anspruch nahmen und da, wo sie lagen, in dem hintern Körperabschnitte, fast die ganze Leibeshöhle ausfüllten. Der Chylusmagen, der neben ihnen hinlief, erschien als ein vergleichsweise enger Kanal (Tab. I, Fig. 15 — im Querschnitt —). Ebenso auch der Samenleiter (Fig. 9), der übrigens in gleicher Weise, wie der Eileiter, unter der convexen Körperfläche herablief und — was ich schon früher (S. 26) bemerkt hatte — in die Bauchwand des Enddarmes einmündete.

Der Fruchthälter war einstweilen (Fig. 1) kaum länger, als das Ovarium, so dass das untere, flaschenförmig erweiterte Ende desselben, das später der hintern Hälfte des Magendarmes anliegt, nur in kurzer Entfernung hinter dem Magengrunde gefunden wurde. Die weibliche Trichine zeigt also wirklich, wie wir schon früher aus anderen Gründen erschlossen hatten (S. 27), eine Zeit lang dasselbe Lagerungsverhältniss der innern Organe, welches bei den männlichen Thieren beständig bleibt. Der Körpertheil zwischen Ovarium und Zellenkörper, der durch die mächtige Entwicklung des Fruchthälters späterhin zu einem so ansehnlichen Abschnitte ausgedehnt wird, dass er die Hälfte des ganzen Leibes ausmacht, war gegenwärtig kaum länger, als ungefähr der fünfte Theil des Eierstocks. Vielleicht übrigens, dass die starke bogenförmige Krümmung, die bei fast allen Weibchen gefunden wurde, bereits die spätere Verlängerung dieses Mittelkörpers vorbereitete. Denken wir, dass von zwei neben einander hinlaufenden Kanälen, die beide an den Enden fixirt und in eine gemeinschaftliche Hülle eingeschlossen sind, der eine stärker oder rascher wächst, als der andere, so ist eine Krümmung unausbleiblich — und in diesem Sinne möchte ich auch wirklich die äussere Form unserer Trichinen auffassen. Jedenfalls musste es auffallen, dass die Krümmung bei den Männchen weit seltener und auch fast immer schwächer war, als bei den Weibchen.

Das hintere Ende des Fruchthälters war (Fig. 1) flaschenförmig erweitert, mit einer einstweilen erst sehr unbedeutenden excentrischen Aussackung. Es verjüngte sich sehr bald zu einem dünnen Kanale, der an der Convexität des Zellenkörpers bis etwa zur Mitte desselben emporstieg und hier mit den äussern Körperwänden in eine innige Beziehung trat. Eine äussere Geschlechtsöffnung konnte zwar mit Bestimmtheit noch nicht nachgewiesen werden, dürfte aber doch wohl schon vorhanden gewesen sein.

Bei den Männchen waren die äussern Geschlechtsorgane insofern noch unvollständig entwickelt, als die beiden Zapfen, die bekanntlich die auffallendste Auszeichnung derselben bilden, eben erst als unbedeutende Höcker hervorsprossten (Fig. 9) oder noch gänzlich fehlten.

Die Bildung dieser Zapfen erlaubte es, eine Vergleichung des männlichen und weiblichen Schwanzendes anzustellen.

Schon bei der Trichina spiralis zeigt das abgerundete Schwanzende an der Mündungsstelle des zarten Afterrohrs in der Profillage eine quere Kerbe, durch welche die beiden Theile desselben, ventraler und dorsaler, gegen einander sich absetzen. Nicht selten

*) Die Angabe von Pagenstecher (a. a. O. S. 91 und 99), dass der Fruchthälter schon vor der Begattung Eier enthalte, beruht wohl auf einem Irrthume.

sind diese beiden Theile ziemlich gleichmässig entwickelt, in der Regel aber ist der eine, der der Convexität (dem Bauche) anliegt, kleiner und namentlich auch niedriger, als der andere *).

So verhielt es sich nun auch ganz allgemein bei denjenigen Männchen meines Versuchsthieres, welche am kleinsten (zum Theil nur 1,2 Millim.) und am wenigsten entwickelt waren. Aber der Rückentheil des Körperendes zeigte bereits in der Mitte eine seichte Medianfurche und die dadurch abgesetzten beiden Seitentheile waren es nun, die durch allmähliche Erhebung**) in die Hörnchen auswuchsen. Die Hörnchen sind also, streng genommen, keine Anhänge des Schwanzendes, sondern integrirende Theile desselben, die in den buckelförmig vorspringenden Seitentheilen der obern Schwanzklappe des Weibchens (S. 24) ihr Analogon finden. Die kleinern Zäpfchen (vergl. S. 25) scheinen erst nach der Bildung der Hörner zur Entwicklung zu kommen.

Auffallender Weise und abweichend von den früheren bei den Hunden gemachten Beobachtungen war es, dass die männlichen Trichinen meiner Maus an Häufigkeit kaum hinter den Weibchen zurückstanden. Vielleicht, dass die männlichen Trichinen bei ihrer geringeren Grösse durch den Andrang des Kothes früher und leichter abgetrieben werden, als die Weibchen — wie ich Aehnliches auch bei den männlichen Pentastomen gefunden habe***).

Obwohl nun übrigens in der grössern Mehrzahl der Individuen die Entwicklung der äussern Geschlechtsorgane noch nicht ganz vollständig war, liessen sich doch fast überall schon völlig reife Geschlechtsproducte nachweisen. Allerdings war die Menge derselben einstweilen noch geringer, als sie später zu sein pflegt, aber dafür liess sich der Entwicklungsprocess denn auch in ungewöhnlicher Klarheit verfolgen. Besonders schön und deutlich, wie ich sie bei älteren Thieren niemals gesehen habe, waren die Samenbildungszellen mit ihren vier Inhaltsballen. Ein Uebertritt der Geschlechtsproducte in die Leitungsapparate hatte noch nirgends stattgefunden.

Wenn mir noch ein Zweifel gewesen wäre, dass meine Maus an einer durch die Fütterung mit trichinigem Fleische bedingten Darmentzündung gestorben wäre, so hätten die folgenden Erfahrungen mir jedenfalls die Augen öffnen müssen†).

Es war, als wenn eine Epidemie über meine Versuchsthiere hereingebrochen. Nicht

---

*) Es ist also streng genommen nicht richtig, wenn wir den Trichinen eine terminale Lage des Afters zuschreiben. Auch bei den Trichinen wird die Afteröffnung in der Regel durch eine — wenngleich nur äusserst geringe — Verlängerung des (dorsalen) Körpers überragt, durch ein Gebilde, das wir nach der Analogie mit den übrigen Spulwürmern als Schwanzende bezeichnen dürfen.

**) Bei den anderen Nematoden sind derartige Formveränderungen gewöhnlich mit einer Häutung verbunden, von der ich bei den Trichinen jedoch niemals eine Spur gefunden habe.

***) Bau und Entwicklungsgeschichte der Pentastomen, S. 21. Andere Forscher (Pagenstecher, Kühn) haben nach mir dieselbe Vermuthung ausgesprochen, und Kühn hat in einem Falle sogar beobachtet, dass die mit dem Kothe nach Aussen abgehenden Trichinen ihrer grössern Menge nach aus Männchen bestanden. (A. a. O. S. 40.)

†) Meine Angaben über das Auftreten der Darmaffectionen nach Fütterung mit trichinigem Fleische sind von manchen Seiten in Zweifel gezogen. Man bezog sich dabei auf Experimente, in denen dieselben vermisst wurden. Das negative Ergebniss fand wohl darin seine Erklärung, dass man mit kleinen Portionen trichinigen Fleisches oder mit solchem, welches weniger trichinenhaltig war, operirte. Jedenfalls war es kein Grund, meine Behauptungen geradezu in Frage zu stellen. Es ist mir übrigens die Genugthuung geworden, dass meine Angaben in Hettstädt (durch Rupprecht), wie in Hedersleben ihre volle Bestätigung gefunden haben. Am letzteren Orte waren diese Darmerscheinungen so auffallend, dass man die Krankheit darauf hin anfangs für Cholera hielt. Auch bei den Versuchsthieren hat man inzwischen vielfach das Auftreten von Darmentzündungen beobachtet.

bloss, dass die zweite meiner Mäuse 24 Stunden nach der Fütterung gleichfalls crepirte, auch von meinen Kaninchen starben die beiden erstgefütterten am Nachmittage des 5. (zwei - und resp. fünfundfunfzig Stunden nach der Fütterung) und ein drittes am 9. Und in allen diesen Fällen zeigte der Sectionsbefund dieselben Veränderungen. Ueberall starke Injection, pseudomembranöse Bekleidung der Darmschleimhaut, wässriger Darminhalt, der die erstere theilweise abgelöst hatte und dadurch mehr oder minder reiswasserartig geworden war. Speise war nach der Fütterung von keinem dieser Thiere genossen worden. Dabei aber hatten dieselben beständigen Durst und Durchfall. Sie sassen unlustig, mit ruppigem Haar und trübem Aussehen in einer Ecke des Stalles und starben — wenigstens gilt das von den zwei Kaninchen, die vor meinen Augen verendeten — unter Schreien und Krämpfen. In den diarrhoischen Excrementen liessen sich mehrfach Trichinen nachweisen.

Dass es auch im Darme unserer Thiere an Trichinen nicht fehlte, brauche ich unter solchen Umständen kaum ausdrücklich zu bemerken. Bei den zuerst verstorbenen Kaninchen, die je etwa 63 Gr. Fleisch (mit c. 650000 Trichinen) verzehrt hatten, war deren Menge so gross, dass ich mitunter deren 30 — 40 auf demselben Objectträger beisammen hatte. Die Zahl der Weibchen hatte übrigens auch hier — und das dürfte nach der Reife überhaupt die Regel sein — entschieden das Uebergewicht, etwa 6 : 1. Die Mehrzahl der Würmer wurde in der zweiten Hälfte des Dünndarms aufgefunden.

Der Entwicklungszustand der Trichinen war in diesen Fällen natürlich — abgesehen von der Maus, die darin an den ersten Fall sich anschloss — ein anderer und vollkommener. Nicht bloss, dass die Männchen inzwischen völlig ausgebildet waren und den Begattungsact vollzogen hatten*), auch die Scheide der Weibchen enthielt bereits (52 Stunden nach der Fütterung) eine beträchtliche Menge befruchteter und zerklüfteter Eier und besass dabei eine Länge, die mehr als das Doppelte der frühern war. Die Grösse des weiblichen Körpers betrug zum Theil schon über 2 Millim.

Auch meine Katze sollte, trotz der sprichwörtlichen Zähigkeit ihres Lebens, den Trichinen — etwa 325000 Stück in 2 Loth Fleisch — unterliegen. Nach der Fütterung unter den bekannten Symptomen erkrankend, war sie in der Nacht vom 8/9., also 5½ Tage später, zu Grunde gegangen. Der Befund war in einiger Beziehung ein anderer. Und das nicht bloss in Betreff der Trichinen, bei denen eben die Embryonalentwicklung anhob, sondern namentlich auch in Anbetracht des Darmes. Schon bei äusserlicher Untersuchung musste es auffallen, dass der Darm weniger injicirt und auch weniger aufgetrieben war, als in den früheren Fällen. Als ich nun aber den Darm öffnete, da quoll statt der hellen Flüssigkeit mit zahlreichen grössern und kleinern pseudomembranösen Fetzen eine rahmartige, hier und da etwas blutig gefärbte Masse hervor, die sich unter dem Mikroskope als gutartiger Eiter erwies. „Pus bonum et laudabile", würde mein alter Lehrer M. C. Langenbeck gesagt haben. Trotzdem aber war das Thier crepirt. Ob in Folge der Darmaffection, dürfte kaum zweifelhaft sein.

---

*) Den Begattungsact selbst zu beobachten, habe ich leider keine Gelegenheit gehabt. Wie es scheint, dürfte derselbe um die 30.—36. Stunde nach der Fütterung stattfinden. Pagenstecher verlegt denselben in eine spätere Zeit, indem er (a. a. O. S. 82) nach 54 Stunden erst einen Theil der Trichinen begattet sein lässt; es dürften in dieser Hinsicht wohl mancherlei individuelle Verschiedenheiten vorkommen. Dass das Alter der gefütterten Trichinen dabei einen besonderen Einfluss habe, wie von manchen Seiten angenommen wird, scheint mir nicht gehörig begründet zu sein.

Dieselbe Erscheinung ist mir auch späterhin noch zwei Mal vor Augen gekommen, das eine Mal wiederum bei einer Katze, die 5 Tage nach der Fütterung (d. 17. März) starb, das andere Mal bei einer $2^1/_2$ Tag vorher gefütterten Maus. Aber beide Male war die Eitermasse sehr viel geringer, bei der Maus auch consistenter und nur auf die letzte Hälfte des Dickdarms beschränkt, während der stark injicirte Dünndarm die gewöhnliche Beschaffenheit (wässrigen Inhalt mit pseudomembranöser Auflagerung) zeigte.

Zweiter Theil.

Entwicklungsgeschichte der Muskeltrichinen.

Selbstinfection.

Wanderung und Bau der Embryonen.

Meine erste Colonie gefütterter Thiere war zu Grunde gegangen oder unbrauchbar geworden *), ohne dass es mir möglich gewesen wäre, über die Wanderungen der Embryonen und deren weitere Entwicklung Etwas zu beobachten. Doch ich besass ja noch hinreichendes Material zur Einleitung neuer Experimente. Nur schien es mir nöthig, von jetzt an mit geringeren Massen zu operiren, um das Leben der Versuchsthiere weniger zu gefährden.

Bei den bisherigen Experimenten war ich, wie wir wissen, von der Ansicht ausgegangen, dass die Trichinen einen ähnlichen Wirthswechsel hätten, wie die Bandwürmer und andere Entozoen. Ich glaubte mit andern Worten, dass der Entwicklung von Muskeltrichinen eine Einwanderung von Aussen vorhergehen müsste. Das Resultat meines Schweineexperimentes konnte mich natürlich nur in dieser Auffassung bestärken: war es mir doch gelungen, durch Uebertragung fremder Embryonen eine sehr eclatante Ansteckung zu erzielen.

Ich war noch immer der früheren Ansicht, als ich nach Einleitung der letztbeschriebenen Versuche von Herrn Professor Virchow eine kurze Mittheilung erhielt und daraus ersah, dass die Muskeltrichinen auch durch Selbstansteckung entstehen könnten. Virchow hatte vor vier Wochen mit dem von Zenker übersendeten Materiale ein Kaninchen gefüttert und in diesem am 3. März, an demselben Tage also, an dem die Muskeltrichinen auch hier in Giessen bei den trichinenkranken Schweine nachgewiesen wurden, ausser Darmtrichinen auch beträchtliche Mengen von Muskeltrichinen aufgefunden. Da es gleichzeitig gelang, die Embryonen auf der Wanderung im Innern des Kaninchens (in den Lymphdrüsen, wie später von Virchow angegeben ward) zu erwischen, so konnte kein Zweifel sein, dass hier eine Selbstinfection vorlag.

Es giebt bekanntlich auch sonst noch Eingeweidewürmer, deren Jugendformen bald in dem ursprünglichen Träger (durch Selbstinfection), bald in einem andern Thiere (durch Uebertragung) ihren Ursprung nehmen. Zu diesen Eingeweidewürmern gehört u. a. die menschliche Taenia solium. Aber die Selbstinfection geschieht hier bekanntlich nur zufällig,

---

*) Das eine mir noch übrige Kaninchen wurde von mir geschont, weil es wegen einer zweiten, ältern Fütterung (mit Pentastomumeiern) mir von besonderm Werth war.

dann, wenn die Eier vom Darme aus in den Magen gelangen und hier durch Einwirkung der Verdauungssäfte die feste Schale verlieren, welche die wanderlustigen Embryonen einschliesst.

So lange nur ein einziger Fall vorlag, hätte man vielleicht vermuthen können, dass auch bei den Trichinen der Process der Selbstinfection eine bloss zufällige Erscheinung sei. Allein dem stand doch die Thatsache entgegen, dass die Embryonen hier keineswegs, wie bei Taenia, in einer festen Kapsel eingeschlossen waren, sondern frei geboren wurden, dass also durchaus kein Motiv vorlag, deren Wanderung noch von besonderen Bedingungen abhängig zu machen. Sobald die Selbstinfection bei Anwesenheit von Darmtrichinen einmal nachgewiesen war, stand zu vermuthen, dass sie eine, wenn auch vielleicht nicht ganz constante, doch wenigstens sehr gewöhnliche Erscheinung darstelle*).

Für mich konnte die Virchow'sche Mittheilung natürlich nur eine Aufforderung sein, auf dem betretenen Wege weiter fortzugehen. Die Aufgabe, die ich mir gestellt hatte, die ganze Lebensgeschichte der Trichinen zu erforschen, bot jetzt, wo der Wirthswechsel als eine nothwendige Vorbedingung der Untersuchung hinwegfiel, eine viel grössere Aussicht auf eine glückliche Lösung.

Ich will dankbar anerkennen, dass mir durch die Mittheilung Virchow's meine Arbeit erleichtert wurde**), doch darf ich wohl hinzufügen, dass ich bei fortgesetzten Versuchen am Ende auch selbstständig die Thatsache der Selbstinfection constatirt haben würde.

Das schon vorher von mir erprobte Kaninchen erwiess sich jetzt natürlich für die Fortführung der Versuche als doppelt geeignet. Ich fütterte desshalb am 9. März fünf neue Thiere, je mit etwa 16 Gr. Fleisch (160000 Trichinen), und wiederholte diese Fütterung am 12., nachdem ich mich überzeugt hatte, dass die Gesundheit meiner Thiere durch die erste Fütterung nicht auffallend alterirt war. Auch die zweite Fütterung wurde Anfangs gut vertragen — aber am Morgen des 16. (sieben volle Tage nach der ersten Fütterung) lag eins meiner Thiere im Sterben.

Die Untersuchung, die unmittelbar nach dem Tode im Beisein des gerade damals bei mir zum Besuche sich aufhaltenden Herrn Prof. Claus vorgenommen wurde, zeigte zunächst eine äusserst intensive Röthung des Bauchfelles und des serösen Darmüberzuges, wie ich sie niemals bei früheren Sectionen gesehen hatte. Die übrigen Veränderungen waren die gewöhnlichen; der Darm enthielt die bekannte mit weisslichen Flocken untermischte Flüssigkeit, in der zahllose Trichinen, mit Embryonen im Innern, wie das oben geschildert ist, gefunden wurden. Nur an wenigen Stellen hatte sich auf der Darmschleimhaut die Auflagerung noch erhalten; sonst war sie abgestossen und in die erwähnten Flocken aufgelöst.

Das Aussehen des Peritonealüberzugs und der Entwicklungszustand der Darmtrichinen brachte mich sogleich auf die Vermuthung, dass die nach den Beobachtungen Virchow's mit Sicherheit zu erwartende Embryonenwanderung schon begonnen habe. Die Unter-

---

*) Bei Ollulanus wandern die Embryonen (die auch hier frei geboren werden) allerdings gleichfalls in den ursprünglichen Träger, doch ohne jemals hier — nach meinen bisherigen Erfahrungen — zu einer weitern Entwicklung zu gelangen. Vergl. Leuckart, Arch. f. w. M. Bd. II. S. 197.

**) Diese Mittheilung von Virchow ist die einzige gewesen, die auf den Gang meiner Trichinenuntersuchungen einen Einfluss gehabt hat. Sonst sind dieselben durchaus unabhängig von jeder äussern Einwirkung (namentlich auch unabhängig von Zenker) durchgeführt worden.

suchung des aus den Mesenterialgefässen entnommenen Blutes lieferte freilich kein positives Resultat, aber als ich die von den Bauchwänden mit dem Messerrücken abgeschabte Flüssigkeit der mikroskopischen Analyse unterwarf, fand ich bereits bei der ersten Probe — wer beschreibt meine freudige Ueberraschung! — ein Exemplar der mir so wohl bekannten Embryonen. Unter Beihülfe des Herrn Prof. Claus*) gelang es nach und nach etwa ein Dutzend dieser jugendlichen Auswanderer aus der Leibeshöhle hervorzuziehen. Und nicht bloss die Bauchhöhle war es, die diese Thierchen beherbergte, auch in der Brusthöhle wurden sie zu wiederholten Malen frei von mir gefunden**). Selbst den Herzbeutel lernte ich (mit Virchow) später als eine ergiebige Quelle solcher Embryonen kennen.

Vielfach wiederholte Versuche, die Embryonen unserer Trichinen in den Gefässen nachzuweisen, missglückten sämmtlich.

Dass die frühere Vermuthung, nach der die Embryonen mit dem Blute wandern sollten, hiernach in hohem Grade zweifelhaft wurde, braucht kaum ausdrücklich bemerkt zu werden. Das Vorkommen zahlreicher freier Embryonen in der Leibeshöhle liess nur eine einzige Erklärung zu, und diese ging dahin, dass die Embryonen geraden Wegs die Wandungen des Darmes durchbohrt hatten. Auf eine derartige (massenhafte) Durchbohrung schien auch das oben erwähnte inflammirte Aussehen der Darmwand hinzudeuten, wie denn andererseits das gleiche Aussehen des Bauchfelles es glaublich machte, dass die Embryonen von der Leibeshöhle aus direct in die muskulösen Körperwände einwanderten. Der Umstand, dass die jungen Thiere auch in der Brusthöhle gefunden wurden, an einem Orte also, den sie nicht direct von ihrem frühern Aufenthalte aus erreichen konnten, liess sich vielleicht schon als ein Beweis für die Richtigkeit dieser Vermuthung anführen. Aber auch die Beobachtung sollte ihre entscheidende Stimme in diesem Sinne geltend machen.

An einer Stelle, an der das Peritonaeum besonders stark geröthet war, präparirte ich eine möglichst dünne und durchsichtige Platte ab. Ich untersuchte sie — und fand auch hier meine Embryonen, einzelne frei und lose auf der Zellenbekleidung aufliegend, andere in der Bindegewebsmasse begraben. Auch die tieferen Schichten waren von unseren Embryonen durchsetzt; es gelang auch hier die Eindringlinge nachzuweisen***).

Nach diesen Erfahrungen kam es nur noch darauf an, die Embryonen in die Muskelmasse hinein zu verfolgen. Wie ich mich bald überzeugte, war das allerdings der schwierigste Theil meiner Aufgabe. Die Bauchmuskeln waren bei der Schwierigkeit, sie zu zerfasern, wenig für eine solche Untersuchung geeignet; ich hielt mich desshalb vorzugsweise an die peripherischen Fleischbündel des Zwerchfells und die unteren Intercostalmuskeln, und hier sollte ich denn auch durch die überzeugendsten Präparate für meine Mühe belohnt werden. Nach vielen vielleicht zweifelhaften Präparaten fand ich einzelne

*) Es war bei dieser Gelegenheit, dass mich Herr Prof. Claus ersuchte, ihm zum Zwecke eigner Experimente eine Quantität trichinigen Fleisches zukommen zu lassen. Ueber die Resultate dieser Experimente ist in der Würzburger naturwissenschaftl. Zeitschrift (1860. S. 151) berichtet worden.
**) Am leichtesten gelingt das, wenn man die nach dem Tode sich an den tiefern Stellen der Leibeshöhle ansammelnde Flüssigkeit in ein Uhrschälchen überträgt und dann den Bodensatz untersucht.
***) Für solche, welche diese Untersuchungen zu wiederholen geneigt sind, bemerke ich, dass es am zweckmässigsten ist, die zu untersuchenden Muskelstücke vorher einige Zeit in eine ziemlich starke Essigsäurelösung zu legen und das die Muskelfasern zusammenhaltende Bindegewebe dadurch zu erweichen.

ganz isolirte Muskelfasern, die einen Embryo enthielten (Tab. II, Fig. 1—3). Eine Täuschung konnte nicht möglich sein *). Die Embryonen blieben nicht bloss beim Rollen der Muskelbündel im Innern, ich sah dieselben auch mehrfach (Fig. 2) mit dem zunächst anliegenden Inhalte aus dem durchrissenen Sarcolemma hervortreten **).

Im Vergleich mit dem Muskelbündel waren die Embryonen natürlich nur winzige Körper. Während die ersteren durchschnittlich 0,07 Mm. maassen, hatten die letzteren nur selten mehr als 0,008 Mm. im Durchmesser.

Gewöhnlich wurden dieselben in der Nähe des Sarcolemma gesehen, bald gerade gestreckt, bald auch S- oder hakenförmig gekrümmt. Der Weg, auf dem sie in das Bündel eingedrungen waren und sich vielleicht im Innern desselben vorwärts bewegt hatten, konnte nirgends nachgewiesen werden.

Die trichinenhaltigen Muskelbündel zeigten meist noch ihre frühere Structur mit allen charakteristischen Eigenschaften. Nur in einzelnen Fällen war dieselbe undeutlich. Statt der frühern Längs- und Querstreifung fand ich dann im Innern des Sarcolemma, und zwar zunächst in der Nähe des eingedrungenen Embryo (Tab. II, Fig. 3), eine granulirte Substanz von schwächerem Lichtbrechungsvermögen, die einstweilen übrigens nur wenig von dem früheren Zustande verschieden war und in einiger Entfernung von der Trichine auch meist wieder das Aussehen eines unveränderten Sarcolemmainhaltes annahm.

Weitere Entwicklungsstufen wurden einstweilen nicht aufgefunden; die Embryonen hatten offenbar erst seit kürzester Frist ihre Wanderungen begonnen. Ueber die Verbreitung derselben liessen sich bei der Schwierigkeit der Untersuchung begreiflicher Weise keine genauen Nachforschungen anstellen. Ich bemerke desshalb nur beiläufig, dass ich die meisten Parasiten in den Muskelhüllen der Leibeshöhle (mit Einschluss der Brusthöhle)' in der unteren, dem Rumpfe anliegenden Partie der Halsmuskeln und dem Diaphragma vorfand.

Ich hatte diese Beobachtungen kaum gemacht, als ich auch schon Gelegenheit erhielt, sie an einem zweiten meiner Versuchsthiere zu constatiren, das in der folgenden Nacht crepirte und bei der Section genau dieselben Veränderungen in Darm und Leibeshöhle erkennen liess.

Die Gleichartigkeit dieser beiden Todesfälle konnte keinen Zweifel lassen, dass dieselben durch den Reiz bedingt waren, den die auswandernden Embryonen auf die Versuchsthiere und zwar zunächst deren Darmwände ausübten. Spätere Erfahrungen haben die

---

*) Ich besitze noch jetzt ein mikroskopisches Präparat, welches einen Trichinenembryo in einer völlig intacten Muskelfaser zeigt, und habe das Vergnügen gehabt, dasselbe vielen Forschern zur Prüfung resp. Bestätigung vorlegen zu können. Thudichum, der das Eindringen in die Muskelfasern früher gänzlich in Abrede stellte, ist durch mein Präparat veranlasst worden, diesen Vorgang wenigstens für eine Anzahl der wandernden Embryonen zuzugeben (l. c. p. 361).

**) Schon Bowman hat im Aale bekanntlich (Philosoph. transact. 1840. p. 450) das Vorkommen kleiner Spulwürmer im Innern der Muskelbündel nachgewiesen. Die Würmer lagen in beträchtlicher Menge neben einander, nicht einzeln, wie Meissner es später (Zeitschrift für wissensch. Zoolog. Bd. VII S. 135) bei den mit Gordiuslarven inficirten Insecten beobachtete. Auch Frosch und Wassersalamander beherbergen in ihren Muskelfasern gelegentlich einen Spulwurm von ansehnlicher Grösse ,(0,2 Mm.), Myorcytes Weismanni, der im Muskelgewebe sogar geschlechtsreif wird und seine Eier ablegt (Eberth, ebendas. Bd. XII. S. 530). Ebenso leben auch die von Herbst entdeckten sog. Trichinen des Maulwurfs (Jugendzustände von Ascaris, vergl. Leuckart, Archiv für wissenschaftliche Heilkunde Bd. II. S. 209) im Innern von Muskelfasern. Man sieht, dass die Trichina spiralis keineswegs der einzige Muskelwurm ist.

Richtigkeit dieses Schlusses vollständig gerechtfertigt und den Beweis geliefert, dass die Trichinenkrankheit, die bis dahin auf der Darmschleimhaut localisirt war, mit dem Beginn der Embryonalwanderung in ein neues Stadium tritt, welches das Leben des Versuchsthieres (wie wir auch schon bei dem Schweine erprobt haben) noch viel mehr gefährdet.

Die hier speciell hervorgehobenen zwei Fälle sprechen dafür, dass die Auswanderung der Embryonen etwa am achten Tage nach der Fütterung beginnt*). Es harmonirt das auch mit der Thatsache, dass man gewöhnlich erst sechs bis sieben Tage nach der Uebertragung des trichinigen Fleisches trächtige Weibchen mit völlig entwickelten Embryonen antrifft. Ich kann jedoch die Bemerkung nicht unterlassen, dass dieser Termin keineswegs überall genau der gleiche ist. Vogel giebt an, dass er bei Fütterung von ältern Muskeltrichinen bisweilen schon nach 4—5 Tagen völlig reife Embryonen im Fruchthälter gefunden habe. Damit übereinstimmend sagt Pagenstecher, dass es ihm gelegentlich gelungen sei, nach kaum 5 Tagen bei den Kaninchen bruterfüllte Trichinen zu sehen. Ich selbst habe nun freilich vor dem achten Tage niemals Embryonen in der Leibeshöhle beobachtet, allein es wäre denn doch unter solchen Umständen immerhin möglich, dass die Wanderung mitunter schon früher (vielleicht schon am 6. Tage) beginne**). Jedenfalls wird dieselbe unmittelbar nach der Geburt anheben, da es mir eben so wenig wie Fiedler — Pagenstecher und Kühn sind in dieser Hinsicht freilich glücklicher gewesen — jemals gelingen wollte, die Embryonen frei in dem Darminhalte nachzuweisen. Anfangs ist die Menge der wandernden Embryonen natürlich nur geringe, aber sie steigt schon nach wenigen Tagen um ein Bedeutendes und mag gegen Ende der zweiten Woche vielleicht das Maximum ihrer Höhe erreichen.

Die Häufigkeit, mit der ich bei meinen Beobachtungen die Trichinenembryonen sowohl frei in der Leibeshöhle, wie in dem benachbarten Bindegewebe***) — ich empfehle ausser den oben angegebenen Localitäten hier nachträglich noch das lockere Bindegewebe unterhalb der Wirbelsäule, sowie dasjenige, welches die Brusthöhle nach vorn abschliesst — auffand, während ich sie im Blute stets vergebens suchte, veranlasste mich schon bei der ersten Veröffentlichung meiner Untersuchungen den Satz aufzustellen, dass die Bindesubstanz den Weg abgebe, welcher die wandernden Embryonen in ihre spätere Wohnstätte brächte.

Diese Behauptung hat manchen Widerspruch gefunden, obwohl sie, wie ich schon damals zeigte, durchaus in Uebereinstimmung mit den Thatsachen ist, die wir über die Verbreitung der Muskeltrichinen im Thierkörper allmählich gewonnen haben.

Der entschiedenste Gegner, den sie gefunden hat, ist Thudichum†). Derselbe

---

*) Fiedler war anfangs geneigt, den Beginn der Wanderung auf den zehnten Tag zu verlegen (a. a. O. S. 12), hat aber später auch schon am neunten und achten Tage Embryonen in der Leibeshöhle angetroffen (ebendas. S. 407).

**) Pagenstecher sah bei einem Kaninchen schon am 7. Tage die Trichinen im Zwerchfell — aber erst nach 12 und 13 Tagen in den andern Muskelgruppen. A. a. O. S. 65.

***) Ich darf bei dieser Gelegenheit wohl daran erinnern, dass ich der Erste war, der die Embryonen sowohl frei in den serösen Höhlen, wie auch im Bindegewebe antraf. Virchow fand die von ihm „auf der Wanderung ertappten" Embryonen Anfangs nur in den Lymphdrüsen. Das Vorkommen derselben in der Leibeshöhle wird erst später (Cpt. rend. l. c.) erwähnt. Hinterher haben auch Zenker, Fiedler, Pagenstecher u. A. dasselbe bestätigt. Der Nachweis ist so leicht und so sicher, dass man aus der An- oder Abwesenheit dieser Embryonen sogar auf das Verhalten der Darmtrichinen zurückschliessen kann und dabei kaum fehlgeht.

†) L. c. p. 361.

stützt seine Opposition auf das Resultat eines Versuches, der an einem Schweinchen angestellt wurde, bei dem schon am siebenten Tage nach der Fütterung nicht bloss sämmtliche Muskeln so gleichförmig mit Embryonen durchsetzt waren, dass man in jedem Präparate deren 3—5 vor Augen hatte, sondern auch in Herz, Lungen, Thymus, Lymphdrüsen, so wie in Brust- und Bauchhöhle mit dem Pericardialsack zahlreiche Embryonen vorkamen. Thudichum hält es für unmöglich, dass diese Erscheinung durch meine Annahme erklärt werden könne, und sieht sie als Beweis an, dass die Embryonen durch Blut und Lymphgefässe im Körper verbreitet würden. In dieser Ansicht wird Thudichum noch dadurch bestärkt, dass er auf der Oberfläche des Herzens zahlreiche kleine Blutergüsse beobachtete, durch welche die Anwesenheit der Embryonen in dem Herzbeutel auch ohne die Annahme einer selbstständigen Wanderung ihre Erklärung finden sollte. Für die weitere Entwicklung seien diese Embryonen, wie auch die in Brust- und Bauchhöhle befindlichen, deren Zahl übrigens eine verhältnissmässig nur geringe gewesen, verloren; sie seien als verirrte Wanderer zu betrachten, die weit von dem rechten Wege entfernt dem Untergange anheimfielen.

Ich will nicht verhehlen, dass Thudichum's Befund in vieler Beziehung für mich auffallend ist. Die Schnelligkeit der Verbreitung, die gewaltige Menge der wandernden Embryonen, ihr Vorkommen in Lunge und Thymus, wo sie sonst immer (von mir, Fiedler u. A.) vergebens gesucht wurden, ihre Häufigkeit im Herzen, wo man bisher nur einige wenige Male einzelne Trichinen antraf — das Alles sind Verhältnisse, die nach unseren bisherigen Erfahrungen in hohem Grade überraschen müssen. Aber die Angaben lauten sehr bestimmt; ich habe keinen Grund, sie in Zweifel zu ziehen. Um so grösseres Gewicht muss ich jedoch darauf legen, dass Thudichum den directen Beweis für die Richtigkeit seiner Schlussfolgerung schuldig geblieben ist. Es ist ihm nicht gelungen, die Anwesenheit der Embryonen im Blut und in der Lymphe zu bestätigen, obwohl diese unter den vorliegenden Verhältnissen doch in ziemlich beträchtlicher Menge daselbst vorhanden sein mussten.

Von anderer Seite ist übrigens das Vorkommen von Trichinenembryonen auch im Blute der Versuchsthiere schon mehrfach hervorgehoben. Zuerst von Zenker, der darin freilich nur ein einziges Mal einen Embryo auffand[*]. Fiedler gelang es nach langem Suchen, mehrere solche Embryonen zu beobachten[**], aber immer nur im Blutgerinnsel des rechten Herzens — sonst nirgends — und niemals mehr als vier (ein Mal, ein ander Mal nur einen, zwei Mal deren zwei). Da jedoch in allen diesen Fällen zugleich zahlreiche Embryonen im Herzbeutel vorhanden waren, so könnte man vielleicht trotz den von Fiedler angewendeten Vorsichtsmaassregeln an eine zufällige Verunreinigung denken. Es darf desshalb als eine wichtige Erweiterung dieser Angaben angesehen werden, als Colberg die Mittheilung machte[***], dass er vielfach Trichinen „innerhalb der grösseren Muskelcapillaren" aufgefunden habe. Auch zwischen den Muskelfasern wurden öfters solche Embryonen gesehen; ob sie frei waren, oder ob in den hier verlaufenden kleinen Capillaren lagen, blieb zweifelhaft. In Uebereinstimmung hiermit ist die Angabe von Kühn, dass er bei einem Schweine in den Adern des Netzes, im Herzen und in der Leber Trichinenembryonen, aber immer nur vereinzelt und nach längerem Suchen, gefunden habe[†].

---

*) Cpt. rend. 1863. T. 56 p. 303.
**) A. a. O. S. 6.
***) Deutsche Klinik 1864. N. 19.
†) A. a. O. S. 32.

An und für sich ist das Auftreten der wandernden Embryonen in dem Blutgefäss-apparate natürlich nichts weniger als überraschend. So gut dieselben die Darmwände durch-bohren, um in die Leibeshöhle überzutreten, so gut sie das Zwerchfell und das Pericardium durchsetzen, eben so gut können sie natürlich auch die Venenstämme, so wie die Lymph-gefässe anbohren. Der Annahme, dass die so in den Blutstrom eingetretenen Würmer mit letzterem in das Muskelgewebe gelangten und sich hier weiter entwickelten, steht gleich-falls kein irgend begründeter Einwurf im Wege.

Es handelt sich aber nicht darum, ob einzelne Embryonen auf dem Blutwege wan-dern, sondern darum, ob die Menge der so beförderten Embryonen gross genug ist, um die Annahme einer Wanderung durch das Blutgefässsystem als gleichberechtigt neben die Be-hauptung zu stellen, dass die Bindesubstanz den Weg der wandernden Embryonen abgebe (Fiedler, Colberg) oder nicht. Die Wanderung durch das Bindegewebe mit Thüdichum völlig zu leugnen, dürfte doch am Ende kaum angehen, denn das hiesse nichts Anderes, als Thatsachen in Abrede stellen, die nicht allzuschwer zu constatiren sind.

Eine Thatsache aber ist es, dass die Embryonen nicht bloss in den serösen Höhlen, sondern auch — in mehr oder minder grosser Entfernung von der Leibeshöhle — frei im Bindegewebe angetroffen werden.

Die Entscheidung jener Frage hängt davon ab, ob die Embryonen häufiger im Blute oder im Bindegewebe gefunden werden. Nach meinen Erfahrungen kann kein Zweifel sein, dass das letztere Vorkommen ein ungleich häufigeres ist. Ich habe bei manchen Thieren in fast jedem Präparate (namentlich von dem Unterhalse und der Nähe der Wirbelsäule), das ich aufstellte, Embryonen frei im Bindegewebe vorgefunden — und bin bis jetzt trotz vieler Versuche noch immer ausser Stande gewesen, deren Anwesenheit im Blute oder der Lymphe nachzuweisen*).

Aber ich brauche mich hier nicht allein auf mein Zeugniss zu berufen. Auch Für-stenberg ist in neuerer Zeit durch zahlreiche und gewissenhafte Untersuchungen zu völlig übereinstimmenden Resultaten gelangt**).

Er bestätigt zunächst, dass behufs der Einwanderung in die Muskelfasern überall von den Embryonen zuerst der Darmkanal durchbohrt werde. Aber nicht alle Parasiten gehen durch die drei Häute des Darmes hindurch. Ein Theil der Eindringlinge bahnt sich einen Weg nur durch die Schleim- und Muskelhaut und bewegt sich dann im Bindegewebe des Mesenteriums zwischen dessen zwei Blättern gegen die Wirbelsäule hin, um von da aus die Wanderung in die Muskeln hinein fortzusetzen. (Ich erinnere daran, dass ich — ohne von Fürstenberg's Beobachtungen zu wissen — unter der Wirbelsäule, also an der hier bezeichneten Localität, fast regelmässig bei jungen Versuchsthieren freie Embryonen ange-troffen habe.) Die übrigen Trichinen beginnen ihren Weg von der Leibeshöhle aus, wo sie an Darm und Bauchhaut, wie ich das oben beschrieben habe, Entzündungszustände erzeugen, die, wie die Entzündung der Schleimhaut des Dünndarms, niemals fehlen, nach der Zahl der Verletzungen jedoch oder, was dasselbe ist, nach der Zahl der wandernden Embryonen

---

*) Fiedler hat bei einem Kaninchen, bei dem er fünf Tage nach der Fütterung die rechte Arteria cruralis unterband, später in beiden Beinen gleiche Mengen von Muskeltrichinen angetroffen (a. a. O. S. 472), was gleichfalls für eine derartige Wanderung spricht, da der collaterale Kreislauf wohl schwerlich dieselbe Menge Blut in die Extre-mität führte, wie das unterbundene Gefäss.

**) Wochenblatt der Annalen der Landwirthschaft in den Königl. Preuss. Staaten 1865. N. 21.

mancherlei gradweise Verschiedenheiten darbieten. Mitunter erscheint die Reizung auch bei solchen Thieren, die während der Embryonalwanderung zu Grunde gingen, nur wenig auffallend, so dass es zweifelhaft bleibt, ob dieselben in Folge der Entzündung gestorben sind, oder, wie Fürstenberg meint, durch die Aufnahme gewisser deletärer Stoffe in das Lymphsystem. Im freien Raume der Bauchhöhle trifft man gewöhnlich eine geringe Menge trüber Flüssigkeit, in der zahlreiche Epithelialzellen und Fettmolecule suspendirt sind.

Ich habe diese Beobachtungen hier um so lieber angezogen, als sie nicht bloss meine Angaben über die Wanderungen der Embryonen *) vollständig bestätigen, sondern in gleicher Weise auch die mehrfach angezweifelte Behauptung rechtfertigen, dass die Durchbohrung der Darm- und Bauchwände eine peritonitische Reizung zur Folge habe. Was man dem Zoologen nicht glaubte, wird man jetzt auf die Autorität des Arztes hin wohl zulassen **).

Ich betrachte es hiernach als ausgemacht, nicht bloss, dass die Darmtrichinen ihre Brut in dem Nahrungskanale ihres Wirthes absetzen, und diese sich dann von da aus im Körper verbreitet, sondern auch, dass die Wanderung der Trichinenembryonen eine active ist und durch die Bindesubstanz hindurch vor sich geht ***). Dabei mag es aber immerhin vorkommen, dass einzelne Embryonen in das Gefässsystem übertreten und mit der Blutwelle in die Muskelsubstanz gelangen. Wenn diese letztere Verbreitung jedoch nur einigermaassen beträchtlich wäre, dann würde voraussichtlicher Weise ein jedes Fleischstück so ziemlich die gleiche Menge von Trichinen enthalten, gleichviel aus welcher Körpergegend es genommen würde. Erfahrungsgemäss finden sich nun aber beträchtliche Unterschiede in dem Trichinengehalte der einzelnen Muskeln. Es giebt Fleischmassen, die mit besonderer Vorliebe von unseren Schmarotzern besucht werden, und andere, in denen dieselben viel seltener sind. Zu den ersteren gehören vor allen anderen die kleineren Mukeln, die Muskeln der Augen, des Kehlkopfes, des Halses u. s. w., diejenigen Muskeln also, die wegen der relativen Ausdehnung des umgebenden Bindegewebes den wandernden Embryonen zahlreichere Angriffspunkte bieten, als grössere Fleischmassen, obwohl auch diese bekanntlich von zahlreichen Bindegewebsstreifen durchsetzt werden†). Aber nicht alle kleinen Muskeln sind gleich ergiebig.

---

*) Wenn man in neuerer Zeit auch Virchow mit dem Nachweise der Trichinenwanderung durch das Bindegewebe in Verbindung gebracht hat, so ist das wohl nur die Folge eines Gedächtnissfehlers. Virchow hat sich meines Wissens nirgends mit Bestimmtheit über den Weg geäussert, den die wandernden Embryonen einschlagen. Der Nachdruck jedoch, den derselbe mehrfach auf das Vorkommen in den Lymphdrüsen legt, lässt fast vermuthen, dass er eine Wanderung durch die Lymphe für die wahrscheinlichste halte. (Dass das Vorkommen in den Lymphdrüsen durch Fürstenberg's Beobachtungen auch ohne die Annahme eines Eintritts in die Lymphwege genügend erklärt wird, braucht kaum besonders hervorgehoben zu werden.)

**) Auch Thudichum berichtet übrigens von seinem Schweine (l. c.): „Die Windungen des Dickdarms waren der Sitz einer starken adhäsiven Entzündung und theilweise mit einander verklebt." (Auch die dünnen Därme zeigten in ganzer Länge entzündliche Streifen und Flecke. Der hintere Theil des Ileums litt am wenigsten. Im Innern des Dickdarms, besonders an der Bauhin'schen Klappe, einige folliculäre Verschwürungen.)

***) Dass auch der oben erwähnte Froschmuskelspulwurm (Myoryctes) bei seinen Wanderungen das Bindegewebe benutzt, ist leicht zu constatiren. Nicht bloss, dass man denselben oftmals zwischen den Muskelbündeln in dem sog. interstitiellen Bindegewebe antrifft, man findet ihn auch im Jugendzustande fast bei jedem Frosche frei zwischen den Platten des Mesenteriums und sieht ihn hier mit grösstester Leichtigkeit nach vorn bald, bald auch nach hinten fortschieben. Der Stachel, den der Wurm am Kopfende trägt, bleibt für gewöhnlich zurückgezogen. Es scheint fast, dass derselbe nur gelegentlich zur Beseitigung grösserer Hindernisse benutzt wird.

†) Nach dem hier angedeuteten Gesichtspunkte dürfte es sich auch am leichtesten und natürlichsten erklären, warum das Herz, dessen Muskelmasse fast ohne Bindesubstanz ist, trotz der Querstreifung seiner Muskelfasern nur

Es kommt auch darauf an, wie gross deren Entfernung von der Leibeshöhle ist. In dieser Hinsicht gilt, wie — an der Hand der oben gewonnenen Aufschlüsse — leicht zu begreifen, das Gesetz, dass die Zahl der Trichinen mit wachsender Entfernung immer mehr abnimmt. Die muskulösen Körperwände sind in der Regel am meisten inficirt, während die Fingermuskeln und die Muskeln der hintern Schwanzwirbel, wenn auch vielleicht nicht völlig frei, doch immer nur wenige Parasiten beherbergen. Ebenso enthalten die Muskeln des Oberarmes mehr Trichinen, als die des Unterarmes. Dass sich die Würmer gegen die Sehnenenden der Muskeln, die von dem Mittelpunkte des Körpers am weitesten abstehen, gewöhnlich am stärksten anhäufen, ist allerdings eine Ausnahme, wird aber begreiflich, wenn wir bedenken, dass die jungen Wanderer sich hier zusammendrängen und schliesslich liegen bleiben, weil durch die Verdichtung des Bindegewebes in der Sehne die weitere Bewegung allmählich sehr schwierig wird.

Ein anderer Umstand, der uns in der Vertheilung der Trichinen auffällt, ist das Uebergewicht derselben in der vordern Körperhälfte (an Hals, Brust, Schulter, Kopf u. s. w.). Die Embryonen wandern also mit besonderer Vorliebe nach vorn, sei es, weil das Spiel der Athembewegungen sie dorthin treibt, sei es, weil die Bauchhöhle durch das Zwerchfell mit seinen Oeffnungen (Hiatus aorticus, Foramen quadrilaterum, For. oesophageum) nach vorn unvollständiger abgeschlossen ist, als an den übrigen Stellen. Wenn ich mich mehr für die letztere dieser beiden Vermuthungen entscheide, so geschieht das namentlich mit Rücksicht auf die Häufigkeit der jungen Wanderer in dem Herzbeutel, an einer Localität, welche sie doch zum grössern Theile bestimmt nur durch die Gefässöffnungen des Zwerchfells betreten haben. Ebenso werden sie das Pericardium wie die Brusthöhle wohl vorzugsweise wieder mit dem die grossen Gefässe umhüllenden Bindegewebe verlassen, um sich dann theils am Halse, theils an den vorderen Extremitäten weiter zu verbreiten.

Dass die Wanderung der Embryonen mit grosser Schnelligkeit vor sich gehet, ist nicht zu bezweifeln. Nicht bloss, dass ich und andere Beobachter noch jedes Mal bei Anwesenheit von Embryonen in der Bauchhöhle solche auch in der Brusthöhle und den anliegenden Muskeln gefunden haben, es besitzen auch die eben eingedrungenen Muskeltrichinen noch dieselben Grössenverhältnisse, die man bei den freien Embryonen der Leibeshöhle antrifft*). Ich glaube

_____

äusserst selten und immer nur spärlich mit Trichinen besetzt ist. Das Vorkommen von Herztrichinen ist so selten, dass man früher sogar an eine vollständige Immunität desselben glauben konnte. (Zenker, ich und Fiedler sind die Einzigen, die einige Male Trichinen im Herzmuskel angetroffen haben.) Uebrigens hat man auch andere Erklärungsversuche vorgebracht und namentlich die beständigen Contractionen, so wie die chemische Beschaffenheit des Herzfleisches als ein Hinderniss für die Einwanderung betrachtet. Auch die Abwesenheit von Trichinen in den Muskelwänden des Uterus, des Darms u. s. w. kann möglicher Weise mit gewissen Besonderheiten in der Anordnung der Bindesubstanz in Zusammenhang stehen. Eben so die — bei Menschen und Thieren mehrfach (u. A. auch von mir selbst) constatirte — Thatsache, dass die Trichinen niemals aus dem mütterlichen Leibe in den Embryo einwandern, eine Thatsache, die übrigens andererseits wohl auch als ein Gegenbeweis der Wanderung mittelst des Blutes geltend gemacht werden darf.

*) Fiedler hat diesen Umstand als einen indirecten Beweis für die Wanderung mittelst des Blutstromes geltend machen wollen. Er hat mit Rücksicht auf das Wachsthum der jungen Trichinen (das in den ersten 5 Tagen seinen Messungen nach 0,35 Mm. beträgt) behauptet, dass die Embryonen, wenn sie auch nur 24 Stunden zur Einwanderung brauchten, in den Muskeln doch um ungefähr 0,07 Mm. grösser sein müssten, dabei aber vergessen, dass das Wachsthum einmal sehr ungleiche Fortschritte macht, indem es anfangs sehr viel unbedeutender ist, als später, und sodann auch im hohen Grade durch die Lebensweise bestimmt wird. Ein Embryo lebt aber begreiflicher Weise während der Wanderung unter sehr viel ungünstigeren ökonomischen Bedingungen, als im Innern des Muskels, wo die Ausgaben für die Ortsbewegung hinwegfallen und auch die Ernährung reichlicher ist, als im Bindegewebe.

desshalb denn auch, dass die Wanderung der Embryonen von der Leibeshöhle bis in die entlegensten Punkte kaum mehr als höchstens 24 Stunden in Anspruch nimmt. Ist erst einmal die Darmwand durchbohrt, dann stösst das junge Thier nirgends mehr auf besondere Hindernisse. „Wie der Hund durch das Gestrüppe" oder „der Vogel durch die Hecke", so bricht sich der Embryo seine Bahn durch die lockere Bindesubstanz. Seine Grösse und namentlich sein Querschnitt ist so unbedeutend, dass er die Gewebstheile ohne eigentliche Zerreissung bei Seite drängt und keine Spur seines Weges hinter sich lässt.

Schon im Fruchthälter zeigt übrigens die Grösse der Embryonen — natürlich spreche ich hier nur von den reifen — mancherlei Unterschiede. Die meisten Exemplare messen gegen 0,1 Mm. oder nur wenig darunter, indessen habe ich gelegentlich auch solche von nur 0,07 Mm. gesehen. Die Dicke beträgt ungefähr 0,006 Mm. In der Leibeshöhle ist die Grösse etwas ansehnlicher, mindestens 0,1 Mm., meist aber 0,12 Mm. und darüber, bis 0,16 Mm. (in einzelnen Fällen sogar 0,18 Mm.). Wie die Länge, so hat auch der Querdurchmesser (bis 0,008 Mm.) zugenommen. In den Muskeln habe ich kaum jemals Würmer unter 0,12 Mm. angetroffen.

Untersucht man die Embryonen der Leibeshöhle einige Zeit nach dem Tode, wenn die Leiche bereits erkaltet ist, dann sind dieselben gewöhnlich gestreckt, wie ein Stäbchen, und ohne Spur von Bewegung. Nur hier und da sieht man vielleicht ein S-förmig gekrümmtes Thier mit dem einen Körperende nach dieser oder jener Richtung langsam tastend hinfahren. In der Wärme zeigen die Embryonen dagegen lebhafte Schlängelungen und eine deutliche Ortsbewegung, obwohl der glatte Objectträger ihnen keine genügenden Fixationspunkte darbietet. Noch 36 Stunden nach dem Tode des Versuchsthieres hat man oftmals Gelegenheit, diese Bewegungen zu beobachten.

Die Breite der Embryonen ist (Tab. II, Fig. 4, 5), wenn auch auf den ersten Blick in ganzer Länge so ziemlich dieselbe, doch in der einen Körperhälfte entschieden etwas geringer, als in der andern. Der Leib ist mit anderen Worten nach dem einen Ende zu verschmälert. Nach Analogie der ausgebildeten Trichine fühlt man sich natürlich geneigt, das dickere Ende für das hintere zu halten, allein diese Auffassung ist entschieden unrichtig. Nicht bloss, dass es gerade dieses dickere Ende ist, mit dem das Thier die oben erwähnten Tastbewegungen ausführt und bei der Locomotion voraus geht, auch der anatomische Bau giebt Anhaltspunkte für die entgegengesetzte Deutung.

Freilich bedarf es auch hier einer aufmerksamen und genauen Untersuchung bei stärkern Vergrösserungen. Beobachtet man mit schwächern Linsen, dann erscheint das ganze Parenchym von einer fast völlig homogenen Beschaffenheit, so dass man vermuthen könnte, es habe überhaupt noch keine Differenzirung der innern Organe stattgefunden. Höchstens, dass das hintere Ende durch eine leichte Trübung von der übrigen mehr gleichförmig hellen Körpermasse unterschieden ist.

Diese Trübung rührt von einer feinkörnigen Substanz her, die in der Achse des Hinterkörpers verläuft und auch, wenngleich weniger bestimmt, durch den mittleren Theil bis weit nach vorn verfolgt werden kann. Die Rindenschicht im Umkreis des Achsenstranges hat eine durchaus homogene, helle Beschaffenheit und ein starkes Lichtbrechungsvermögen, so dass der Embryo ganz glänzend aussicht. Die Aussenfläche trägt eine dünne, aber scharf contourirte einfache Chitinlage (ohne Querstreifung), von der in der Mitte des Kopfendes ein dünner Faden abgeht, welcher in der Leibesachse bis auf den Anfangstheil des eben erwähnten Stranges hinläuft. Ob der Faden solide oder hohl ist, lässt sich nicht entscheiden, aber so viel ist offenbar, dass er nichts Anderes, als die erste Anlage des chitinösen Mundrohres darstellt. Im Analende glaubt man mitunter eine ähnliche nur kürzere und weniger deutliche Bildung zu erkennen. Sonst ist das hintere Körperende ohne Auszeichnung, stumpf und abgerundet, während das vordere eine mehr conische Gestalt besitzt oder richtiger vielmehr einen conischen Mundzapfen trägt, der sich ziemlich scharf absetzt und allem Anscheine nach einer selbstständigen Bewegung fähig ist. Man sieht ihn wenigstens bald hervorgestreckt, bald auch eingezogen, so dass der Rand des Vorderendes kragenartig vorspringt. Es liegt nahe, diese Beweglichkeit mit den Wanderungen des Embryo in Verbindung zu bringen und auch die übrige Beschaffenheit des vordern Körperendes, besonders dessen Festigkeit und Starrheit, in diesem Sinne zu deuten.

Wenn ich das Geschene*) mit den späteren Zuständen vergleiche, so unterliegt es für mich keinem Zweifel, dass die Rindenschicht der Embryonen der Leibeswand entspricht und der Achsenstrang im Innern die Eingeweide darstellt. Allerdings sind diese letzteren noch weit von ihrer spätern Entwicklung entfernt und namentlich auch insofern verschieden, als sich einstweilen noch keine Spuren des sonst so mächtigen Genitalapparates erkennen lassen. Der Achsenstrang ist offenbar zunächst nur die Anlage des Darmes, dessen drei Theile sich übrigens schon jetzt ziemlich deutlich gegen einander absetzen. Der mittlere Abschnitt repräsentirt den späteren Zellenschlauch, der nach hinten darauf folgende körnige Theil den Chylusmagen und der vordere, der von dem Chitinfaden durchsetzt wird, den Munddarm.

Bei den Embryonen der übrigen Nematoden**) ist übrigens meist eine viel vollkommnere Entwicklung der innern Organe vorhanden, auch der Geschlechtsapparat schon angelegt. Unsere Trichinen sind es jedoch nicht allein, die eine geringere Differenzirung des Embryonalkörpers besitzen. Die Trichocephalen (und Trichosomen), dieselben Thiere, die den Trichinen auch im ausgebildeten Zustande, wie wir wissen, so nahe stehen, zeigen als Embryonen sehr ähnliche Verhältnisse.

Weitere Entwicklung der Embryonen.

Veränderungen der inficirten Muskelfasern.

Durch Virchow's Mittheilung war mir bereits bekannt geworden, dass die im Voranstehenden geschilderten Embryonen in den mit Muskeltrichinen gefütterten Kaninchen nicht bloss wandern, sondern sich auch weiter entwickeln und, wie bei dem mit trächtigen Darmtrichinen inficirten Schweinchen, in einigen Wochen zu der bekannten Trichina spiralis auswachsen.

---

*) Die Darstellung, die Pagenstecher (a. a. O. S. 93) von dem Bau der Trichinenembryonen giebt, kann ich nicht für zutreffend halten. Auch meine eigenen früheren Angaben habe ich mehrfach modificiren müssen.

**) Ueber die Embryonalformen der Nematoden und deren — bis dahin fast noch völlig unbekannte — Lebensgeschichte (Metamorphose, Wanderung) vgl. meine Mittheilungen im Archiv für wissenschaftl. Heilkunde Bd. II. S. 195. Ich erwähne daraus, dass die Lebensgeschichte der Trichinen auch jetzt, nachdem ich etwa ein Dutzend verschiedener Spulwürmer bis zur völligen Ausbildung verfolgt habe, mit der constanten Selbstinfection noch immer isolirt steht. Nur der oben schon erwähnte Ollulanus hat einige Aehnlichkeit, aber hier gehen die im Körper des Wohnthieres wandernden Embryonen (in Lunge, Leber, Zwerchfell u. s. w.) nach der Einkapselung zu Grunde. Die Erhaltung der Art knüpft hier, wie schon oben erwähnt, an die nach aussen auswandernden Embryonen an.

54

Um die Vorgänge dieser Metamorphose gehörig beobachten zu können, liess ich am 26. März (17 Tage nach der ersten Fütterung und etwa 10—11 Tage nach dem Beginn der Wanderung) eines meiner Kaninchen schlachten. Die Röthe der Peritonealbekleidung schien mir geringer, als bei den letztuntersuchten Thieren, war aber doch stärker als im Normalzustande. Eben so die Injection des Darmes, der bei der Untersuchung auch sonst die uns bekannte Beschaffenheit hatte: dünnflüssigen Inhalt mit kleineren und grösseren Flocken und immer noch zahlreichen bruterfüllten Trichinen. Freilich wollte es mir scheinen, als ob die Füllung der Fruchthälter nicht mehr in allen Individuen so vollständig wäre, wie in der frühern Zeit und namentlich gegen Ende der zweiten Woche nach der Fütterung.

In Bauch- und Brusthöhle wurden auch hier wieder zahlreiche Embryonen gefunden; die Wanderung dauerte also noch immer fort, wie das auch schon die bruterfüllten Fruchthälter der Darmwürmer wahrscheinlich gemacht hatten.

Es stand hiernach zu vermuthen, dass ich in den Muskeln die verschiedensten Entwicklungszustände bis zu den eben erst eingedrungenen Embryonen herab antreffen würde. Der Befund entsprach der Voraussetzung. Bauch-, Brust- und Halsmuskeln, auch die am Ausgang des Beckens gelegenen Fleischmassen waren stark mit Trichinen durchsetzt und zum Theil bereits mit Trichinen von 0,56 Mm. Länge, die durch Aussehen und Knäuelung mit den spätern Muskelparasiten fast vollständig übereinstimmten.

Zur vorläufigen Orientirung über das Vorkommen unserer Thiere empfehle ich den äussern schiefen Bauchmuskel, der eine dünne Faserlage darstellt und ohne weitere Präparation untersucht werden kann. Man sieht hier fast an jeder Stelle (Tab. II, Fig. 8) grössere und kleinere Trichinen neben einander in ihrer natürlichen Lage, die ersteren geknäuelt oder doch wenigstens schlingen- resp. hakenförmig gekrümmt, die andern meist gerade. Eine Einlagerung in Blutgefässe wurde niemals beobachtet, dagegen sah ich auch hier nicht selten einzelne Thiere (Fig. 9) frei in den bindegewebigen Interstitien zwischen den strangförmig zusammengruppirten Muskelbündeln. Die bei weitem grössere Mehrzahl war aber in Schläuchen eingeschlossen, die den Verlauf der Muskelbündel hatten und nach den oben mitgetheilten Untersuchungen auch Muskelbündel waren, obwohl sie sich durch ihr Aussehen sehr auffallend davon unterschieden.

Eine genauere Einsicht in diese Verhältnisse bekommt man übrigens erst dann, wenn man die Muskeln zerfasert, was mir (unter den hauptsächlich mit Trichinen besetzten Partieen) am besten an den Intercostalmuskeln oder den längeren Halsmuskeln gelang. Man überzeugt sich auf diese Weise, dass die Trichinenschläuche einstweilen noch ihrer Mehrzahl nach genau (Fig. 6, 7) die Form und den Durchmesser der Muskelbündel (meist zwischen 0,05 und 0,08 Mm.) besitzen, auch zum grossen Theil noch das ursprüngliche Sarcolemma zeigen, dass aber der frühere Inhalt — von den eben erst inficirten Bündeln natürlich abgesehen — zerstört ist. Und diese Zerstörung beschränkt sich nicht etwa bloss auf die nächste Umgebung der Trichinen, sondern ist über die ganze Länge der Faser, so weit man sie isolirt hat oder deutlich verfolgen kann, mitunter über 5 oder 6 Mm. verbreitet.

Wenn ich hier das Wort „Zerstörung" brauche, so soll damit aber nicht etwa eine, vielleicht nur locale Continuitätstrennung bezeichnet sein. Die Veränderung ist eine andere, viel durchgreifendere. Sie besteht in einer morphologischen Umwandlung, die wir schon oben (S. 47) in ihren ersten Anfängen kennen gelernt haben. Die fibrilläre Substanz ist in eine feinkörnige Masse zerfallen, in der sich nur noch die früheren Muskelkerne unterscheiden lassen (Fig. 6 — 8). Die letzteren erscheinen als ovale Bläschen (von 0,01 — 0,016 Mm. Länge und 0,004 Mm. Breite) mit scharf umschriebener Wand und einem bald einfachen, bald auch doppelten soliden Kernkörperchen. Sind zwei Kernkörperchen vorhanden, so nehmen dieselben gewöhnlich die Enden der Kerne ein. Man sieht dann auch die Wand der Kerne nicht selten in der Mitte mehr oder minder tief eingeschnürt, so dass es keinem Zweifel unterliegt, dass diese Gebilde in einem regen Theilungsprocesse begriffen sind. Daher erklärt sich denn auch die Thatsache, dass die Zahl dieser Kerne in den zerstörten Muskelfasern eine ungleich grössere ist, als im Normalzustande*).

Natürlich ist bei diesem Zerfall die frühere Durchsichtigkeit der Muskelfasern verloren gegangen. Die zerstörten Schläuche erscheinen als fadenförmige dunkele Streifen, die schon bei schwacher Vergrösserung deutlich gegen die übrige Fleischmasse abstechen.

Auch der Zusammenhang der körnigen Inhaltsmasse mit dem Sarcolemma ist geringer geworden. Sobald man die Schläuche zerschneidet, sieht man dieselbe (Fig. 7) in oft millimeterlangen Strängen nach aussen hervortreten, während die Fleischsubstanz der Muskelfaser, wie man weiss, unter solchen Umständen nur um ein Unbedeutendes hervorquillt. Mit diesem Körnerstrange wird oftmals auch der darin eingebettete Parasit ausgetrieben — und daher kommen denn die zahlreichen freien Trichinen, die man nach frischer Infection so häufig neben den inficirten Muskelmassen auf dem Objectträger antrifft. Es würde verfehlt sein, wenn man annehmen wollte, dass diese Würmer noch auf der Wanderung begriffen, dass sie „freie" Trichinen wären. Es giebt allerdings freie Trichinen, wie ich das oben schon mehrfach erwähnte; ich habe sie an den verschiedensten Stellen und oftmals in weiter Entfernung von der Körperhöhle in dem die Muskeln verbindenden Bindegewebe angetroffen, aber diese wirklich freien Trichinen sind niemals über den Embryonalzustand hinaus entwickelt und überdies viel seltner, als die vom Zufall oder der Nadel des Präparanten nachträglich wieder freigewordenen Thiere**).

Wenn man, wie ich das oben angegeben habe, beobachtet, dass der Inhalt der Muskelfasern nach dem Eindringen der Trichinen nicht bloss in deren Nähe, sondern in ganzer Länge degenerirt, dann könnte man leicht auf die Vermuthung kommen, dass der Wurm die ganze Faser durchsetze***). In der That sprechen auch manche Beobachter

---

*) Schon Virchow hat in seinem Aufsatze über Trichina spiralis die grosse Uebereinstimmung der gedachten Körperchen mit den bekannten Kernen der Muskelfasern hervorgehoben, doch dürften meine Untersuchungen wohl die ersten gewesen sein, welche die Natur derselben ausser Zweifel setzten. Spätere Beobachter (Welcker, Fiedler, Colberg u. A.) haben meine Angaben vollständig bestätigt.

**) Die Muskeltrichinen so lange als frei zu bezeichnen, als sie ohne die spätere Kapsel sind (wie es oftmals und zum Theil sogar von den besten Beobachtern geschieht), ist um so weniger zu rechtfertigen, als man durchaus nicht bestimmen kann, wann die Bildung der Kapsel eigentlich anhebt. Meiner Meinung nach hören die Trichinen mit der Einwanderung in die Muskelbündel auf, frei zu sein.

***) Zenker meint sogar (Archiv für patholog. Anat. Bd. 18 S. 566), dass die Trichinen nicht bloss in den Muskelbündeln fortkröchen, sondern auch die contractile Substanz derselben verzehrten, und dadurch die oben beschriebene Umwandlung erzeugten. Freilich ist das eine blosse Vermuthung — indessen mag hier doch erwähnt sein, dass der Darm der Muskeltrichinen niemals geformte Bestandtheile, sondern bloss Flüssigkeit enthält. Die Ernährung der Muskeltrichinen dürfte überhaupt mehr durch endosmotische Nahrungsaufnahme an der Oberfläche, als mittelst des Mundes geschehen. Von einer Zusammenstellung der in die Körnermasse eingeschlossenen Körper mit Excrementen (Zenker) kann unter solchen Umständen natürlich keine Rede sein; wir haben dieselben oben als veränderte Muskelkörperchen kennen gelernt.

von Wanderungen der Trichinen im Innern der Fasern — freilich ohne dafür irgend welche Beweise beizubringen. Es ist wahr, man sieht an den eingewanderten Trichinen öfters Bewegungen, allein immer nur, so weit ich mich erinnere, an ganz jungen, die dem Embryonalzustande noch nahe stehen, oder solchen, die bereits den ausgewachsenen Muskeltrichinen gleichen. Auch sind diese Bewegungen keine eigentlichen Ortsbewegungen, sondern blosse Verschiebungen einzelner Körpertheile oder — bei den ausgewachsenen Trichinen — Körperwindungen. Ich glaube desshalb denn auch bis auf Weiteres annehmen zu dürfen, dass der Trichinenembryo nach der Einwanderung in den Muskelfaden in einen Zustand der Ruhe verfällt, den man füglich dem Puppenschlaf vergleichen kann. Jedenfalls werden von demselben keine umfangreichern Ortsbewegungen mehr vorgenommen. Dass man niemals die Spuren einer Wanderung auffindet*), obwohl man doch in den nach aussen hervortretenden Körnersträngen nicht selten die genauesten und schärfsten Abdrücke der darin eingelagerten Würmer antrifft, will ich für diese Behauptung nicht geltend machen. Gelingt es doch eben so wenig, jemals die Eintrittsstellen der jungen Würmer in die inficirten Muskelbündel nachzuweisen **).

Dass trotz der Ruhe des eingewanderten Embryo der g a n z e Inhalt der inficirten Muskelfasern degenerirt***), mag theils durch den continuirlichen Zusammenhang der contractilen Substanz, theils auch durch die Dauer des Reizes seine Erklärung finden, den der lebendige Körper auf seine Umgebung ausübt†).

Bei einer stärkeren Infection trifft man nicht selten zwei und drei Trichinen in derselben Faser. Mitunter ist der Entwicklungsgrad der Eindringlinge so ungleich, dass die jüngsten bei der Einwanderung ein schon vollständig degenerirtes Muskelbündel angetroffen haben müssen (Tab. II, Fig. 8). Der Eintritt der Degeneration ist also keineswegs ein Hinderniss für eine neue Einwanderung††).

---

*) Eben so wenig gelingt dieses bei den von Myoryctes durchsetzten Froschmuskelfasern, in denen sich die Bohrkanäle trotz ihrer Weite (0,016 Mm.) hinter dem Parasiten alsbald wieder schliessen. Nur das durchlöcherte Sarcolemma bleibt als Zeichen der hier stattgefundenen Wanderungen (vergl. Eberth, a. a. O.). Auch die Bewegungen der sogen. Maulwurfstrichinen hinterlassen für gewöhnlich keine Spuren, obwohl man da, wo der Wurm länger ruhend verweilte, die Abdrücke des Körpers nicht selten noch eine Zeitlang beobachtet (Leuckart, Zeitschrift für wissenschaftl. Medicin Bd. 11. S. 209). Bei den von Gordiusembryonen angebohrten Insectenlarven will Meissner übrigens (a. a. O. S. 135) den Weg der Wanderer in den Muskelfasern deutlich erkannt haben.

**) Auch die Embryonen anderer Eingeweidewürmer pflegen nach der Einwanderung in ihre späteren Lagerstätten die frühere Beweglichkeit zu verlieren. So die Cestoden, Distomeen, Pentastomen u. s. w. Vergl. Leuckart, menschliche Parasiten I. S. 70.

***) Die Angabe Pagenstecher's (a. a. O. S. 97), dass die Enden der inficirten Muskelfaser nicht selten ihre normale Structur behielten, ist wohl nichts anderes als eine Vermuthung. Ich kann dieselbe um so weniger theilen, als ich die inficirte Faser oftmals in der Ausdehnung vieler Millimeter gleichmässig verändert gesehen habe.

†) Die von Myoryctes angebohrten Fasern bleiben wahrscheinlich nur desswegen ohne auffallende Structurveränderung, weil die eingedrungenen Würmer nur eine kurze Zeit darin verweilen. Wo der Aufenthalt ein bleibender ist, wie bei dem Muskelwurme des Maulwurfes und des Aales, da tritt auch eine Zerstörung des quergestreiften Inhalts auf.

††) Thudichum will einmal (l. c. p. 367) in einem Schlauche so viel Trichinen neben einander gesehen haben, dass es unmöglich war, sie zu zählen. (Nach der Ansicht Thudichum's sollen diese Schläuche aber nur zum Theil aus degenerirten Muskelfasern hervorgehen. Ein anderer Theil soll sich zwischen den Muskelfasern selbstständig bilden — wobei dann nur auffallend ist, dass die Structur der Schläuche in allen Fällen genau die gleiche erscheint. Uebrigens hat Th. für seine Annahme keinen anderen Grund, als den, dass es ihm nicht gelingen wollte, sich von der Anwesenheit junger Trichinen in unveränderten Muskelfasern zu überzeugen.)

Uebrigens folgt die Degeneration, wie schon erwähnt wurde, dem Eindringen fast auf
dem Fusse; sie ist vollendet, noch bevor die Trichine 0,2 Mm. misst, und diese Grösse wird
bestimmt schon im Laufe des zweiten Tages nach beendigter Wanderung erreicht.

Was ich über die Degeneration der inficirten Muskelfasern voranstehend mitgetheilt
habe, schliesst sich genau an die Darstellung an, die in der ersten Auflage meiner Untersuchungen über diesen Vorgang gegeben ist. Spätere eigne und fremde Beobachtungen
haben die Richtigkeit dieser Darstellung vollkommen bestätigt, aber sie haben unsere Kenntnisse gleichzeitig nach einer andern Richtung erweitert. Während es früher den Anschein
hatte, dass die Veränderungen, die in Folge der Einwanderung eintreten, auf die Muskelfaser beschränkt seien, hat es sich durch Fiedler*) und Colberg**) herausgestellt,
dass auch die nächste Umgebung der inficirten Fasern daran Theil nimmt.

Es ist namentlich das zwischen die einzelnen Muskelfasern eingelagerte sog. intersti-
tielle Bindegewebe, das hierbei in Betracht kommt. Schon früher war es bekannt, dass
dieses Bindegewebe im Umkreise der Trichinenkapsel eine gewaltige Entwicklung hat und
sich zu einer förmlichen Hüllmembran ausbildet (der sog. äussern Kapsel Farre's). Meine
ersten Untersuchungen hatten auch bereits gezeigt, dass die Bildung dieser Bindegewebshülle schon frühe anfängt. Selbst die Thatsache, dass der degenerirte Sarcolemmaschlauch
in ganzer Länge von einer reichlich mit Kernen durchsetzten Bindesubstanz umgeben werde,
war gelegentlich von mir hervorgehoben (S. 39 und 40 der ersten Auflage).

Immerhin aber bleibt es das Verdienst der genannten Forscher, den Zusammenhang
dieser Erscheinung mit den übrigen Veränderungen des inficirten Muskels nachgewiesen und
die Erscheinung selbst einer nähern Prüfung unterworfen zu haben.

Sobald die Degeneration der Muskelfasern anhebt, beginnt das anliegende Bindegewebe eine kleinzellige Wucherung (Kernwucherung Fiedler), die sich über die ganze
Länge der Faser fortsetzt und nach Fiedler sogar — wovon ich mich freilich eben so
wenig überzeugen konnte, wie Colberg — auf die benachbarten gesunden Fasern übergeht. Nach Colberg sollen sich auch die Kerne der Capillargefässe an diesem Vorgange
betheiligen, und zum Theil sogar in einem solchen Maasse, dass dadurch die normale Vertheilung der Injectionsmasse — also auch wohl des Blutes — vielfache Hindernisse findet.
Auch sonst zeigen die Capillaren des inficirten Muskelbündels manche Veränderungen; sie
sind über die Norm hinaus erweitert und neben der Lagerstätte der Trichinen erweitert,
von einem sog. „cirsoiden" Aussehen.

Zerstörung der contractilen Substanz, Theilung der Muskelkerne,
Wucherung des umgebenden Bindegewebes, das sind also die Veränderungen, die durch die Einwanderung der Trichinenembryonen in die Muskelfasern herbeigeführt werden. Aber diese Veränderungen sind nichts weniger, als
specifisch. Auch bei anderen Muskelaffectionen werden dieselben gelegentlich gefunden,
namentlich nach gewissen mechanischen Eingriffen, so dass wir sie vielleicht am natürlichsten
(mit Colberg) als Zeichen eines entzündlichen Zustandes deuten dürfen. Die Einwanderung der Trichinen in die Muskulatur eines Thieres würde demnach die Bildung einer
unzähligen Menge mikroskopisch kleiner Entzündungsherde zur Folge haben.

*) Archiv für patholog. Anatomie 1861 Bd. 30 S. 461.
**) Deutsche Klinik 1864. N. 19.

58

Aber es sind nicht bloss die inficirten Muskelfasern, die einer Veränderung unterliegen, sondern auch die eingewanderten Trichinen. Früher von unbedeutender Grösse, beginnen sie zunächst zu wachsen, und das mit einer solchen rapiden Schnelligkeit, dass sie nach kaum zehntägigem Aufenthalte in den Muskeln nur noch wenig von ihrer vollständigen Grösse entfernt sind. Die grössesten d. h. ältesten Muskeltrichinen meines Versuchsthieres maassen, wie oben erwähnt, 0,56 Mm.*). Freilich waren diese grossen Trichinen nur in geringer Menge vorhanden. Die grössere Mehrzahl erschien beträchtlich kleiner, je nach dem Alter, so dass alle Abstufungen bis zu 0,12 Mm. vertreten waren. Und der Längendurchmesser war nicht der einzige, der solche Verschiedenheiten bot. Noch auffallender waren die Verschiedenheiten des Querdurchmessers, der bei den Embryonen — wohl in Uebereinstimmung mit den mechanischen Bedingungen einer möglichst leichten und bequemen Wanderung — bekanntlich nur gering ist (1 : 20), nach dem Eindringen in die Muskelfaser aber das bisher Versäumte auf das Schnellste nachholt. Bei jungen Trichinen von 0,128 Mm. maass ich eine Breite von 0,009, bei 0,157 eine solche von 0,011, bei 0,21 von 0,015, bei 0,25 von 0,02, bei 0,32 von 0,024 (1 : 13) u. s. w.

So kommt es denn, dass die Trichinen im Innern des Muskels ihre frühere schlanke Form immer mehr und mehr verlieren und dafür (Fig. 6, 7) ein gedrungenes, fast plumpes Aussehen annehmen, das um so mehr auffällt, als der Leib zugleich sich streckt und starr wird. Indessen ist die Verdickung doch nicht in ganzer Länge eine gleichmässige. Vielmehr macht sich in dieser Beziehung sehr bald ein Unterschied zwischen den beiden Körperenden geltend und zwar der Art, dass das eine, das wir oben als vorderes gedeutet haben und an seiner durchscheinenden Chitinröhre noch immer leicht von dem andern unterscheiden können, nur eine äusserst mässige Dickenzunahme erleidet. Bei einer Trichine von 0,37 Mm. Länge (Fig. 10) finde ich am Mundende von nur 0,01 Breite, obgleich die grösste Dicke fast das Dreifache beträgt. Dieselbe fällt allerdings nicht mit dem hintern Leibesende zusammen, sondern ungefähr mit der Mitte, aber die Dickenabnahme ist nach hinten nur eine ausserordentlich unbedeutende, während sie nach vorn, wenn auch ganz allmählich, doch sehr merklich ist. Die vordere Körperhälfte erscheint somit verhältnissmässig schlank und zugespitzt, während die hintere bis zum abgerundeten Ende eine fast drehrunde Form hat.

Man sieht, es sind das Veränderungen, durch welche sich immer mehr und mehr die spätern Formverhältnisse der Trichina spiralis vorbereiten.

Der Organisation nach gleicht unsere Trichine bis zu der zuletzt erwähnten Grösse immer noch den früheren Embryonen. Die Eingeweide sind so wenig scharf umschrieben und so wenig charakteristisch gebildet, dass man auch jetzt noch bei schwächerer Vergrösserung nichts als eine gleichmässige mehr oder minder körnige Masse im Innern zu erblicken glaubt. Erst bei stärkerer Vergrösserung ergeben sich diese Körner als Zellenkerne, und das scheinbar homogene Parenchym löst sich in eine Anzahl bestimmter Organe auf.

Was man unter solchen Verhältnissen erkennt, schliesst sich einerseits vollständig an den bekannten Bau der Trichina spiralis an, und gewährt uns andererseits die bestimm-

*) Nach Fiedler messen die Muskeltrichinen am 11. Tage nach der Fütterung 0,132 Mm., am 14. Tage 0,384, am 16. etwa 0,48. A. a. O. S. 7. (Ob die bei der Messung zu Grunde gelegten Exemplare übrigens sämmtlich von gleichem Alter sind, dürfte schwer zu entscheiden sein.)

teste Ueberzeugung, dass unsere Deutung der embryonalen Organisation eine vollkommen richtige war.

Die strangförmige Masse, die wir schon früher in der Achse des Trichinenkörpers hinziehen sahen, zeigt sich bei Exemplaren von ungefähr 0,9 Mm. auf das Deutlichste (Fig. 10) in drei hinter einander liegende Abschnitte gegliedert, von denen der mittlere der längste, der vordere meist der kürzeste und auch der dünnste ist. Wir wollen diesen letztern hier als Munddarm bezeichnen, mit einem Namen, dessen wir uns schon bei der Beschreibung der Embryonen bedienten, obwohl das damals also bezeichnete Organ eine sehr viel geringere Länge besass. Der zweite Abschnitt, der eine walzenförmige, vorn und hinten gleichmässig abgerundete Gestalt hat, ist der spätere Zellenkörper, während die dritte den Chylusdarm darstellt. Der letztere erscheint jetzt als ein dickwandiges, vorn etwas flaschenförmig erweitertes Rohr, neben dem sich ein blasser Schlauch als erste Genitalanlage hinzieht. Der Chylusmagen steht übrigens nicht bloss mit dem jetzt überall deutlichen After, sondern auch mit dem Munde in einem nachweisbaren Zusammenhange, letzteres durch eine enge Röhre, die man durch den Zellenkörper und den Munddarm hindurch verfolgen kann und gewissermaassen als eine Fortsetzung der chitinigen Mundröhre betrachten darf.

Aber, wie gesagt, alle diese Organe sind einstweilen noch immer von demselben Zellenbau und zeigen höchstens in der Grösse ihrer Zellen und Zellenkerne einige Differenzen. Aber das ändert sich, sobald der Leib auf etwa 0,4 Mm. herangewachsen ist. Um diese Zeit beginnen namentlich die Zellen des mittlern Abschnittes (und zwar zunächst die hinteren) eine auffallende Metamorphose, indem sie sich um ein Beträchtliches vergrössern und in eine einzige Längsreihe hinter einander ordnen; der betreffende Abschnitt bekommt dadurch ein eigenthümliches, fast möchte ich sagen strickleiterförmiges Aussehen (Fig. 11).

Je mehr der Wurm wächst, desto schärfer treten die Umrisse der einzelnen Zellen hervor. Sie ergeben sich jetzt als abgeplattete Bläschen mit granulirtem Inhalt und grossem hellen Kern, bald scheibenförmig und dann zu einer einfachen Säule über einander gethürmt, bald auch keilförmig zwischen einander eingeschoben. Die Kerne, die fast überall eine centrale Lage haben, bilden dabei gleichfalls eine Längsreihe.

Der Breitendurchmesser der Zellen beträgt 0,019 Mm., fast die Hälfte der Dicke, während die Höhe durchschnittlich etwa 0,0015 misst. Der rundliche Kern nimmt fast die ganze Höhe ein und umschliesst ein gleichfalls grosses, doch nicht sehr deutliches Kernkörperchen.

Hat unser Wurm die Länge von 0,48 Mm. erreicht, dann besitzt dieser Zellenkörper schon ganz das spätere Aussehen. Aber auch die übrigen Organe haben dann jene scharfe Begrenzung angenommen, die den bekannten Bau der eingekapselten Trichine auszeichnet. Die Verschiedenheiten von dem spätern Jugendzustande reduciren sich von da an nur noch auf Grössenverschiedenheiten.

Ob der Wurm männlichen oder weiblichen Geschlechts ist, habe ich zum ersten Mal bei 0,41 Mm. Grösse unterscheiden können, zunächst freilich nur daran, dass das vordere Ende des Genitalschlauchs sich entweder neben dem Magengrunde nach hinten umbog, oder geraden Weges nach vorn bis über den Magengrund hinaus fortsetzte. Die Einmündung des Samenleiters in den Enddarm wurde erst später, bei einer Grösse von etwa 0,53 Mm. beobachtet.

8 *

Mit zunehmender Grösse und deutlicher Differenzirung der innern Organe verlieren unsere Trichinen übrigens das plumpe Aussehen, das wir früher hervorheben mussten. Bei 0,56 Mm. Länge beträgt der grösste Durchmesser nur wenig über 0,03 Mm. Aber nicht bloss schlanker werden unsere Thiere, sie geben auch meist jetzt schon ihre frühere Längsstreckung auf, um sich bogen- oder schlingenförmig einzurollen (Fig. 8). Am frühesten geschieht das in den weiteren Sarcolemmaschläuchen, während die engeren meist (Fig. 7) noch eine Zeit lang dicht auf der äussern Haut des Wurmes aufliegen und die Zusammenkrümmung verhindern. Eine gewisse Tendenz zur Krümmung ist jedoch schon früher vorhanden und mitunter schon bei Würmern von 0,35 Mm. auf das Bestimmteste nachzuweisen.

Was ich in Betreff der Degeneration der inficirten Muskelbündel und der Entwicklung der eingeschlossenen Trichinen im Voranstehenden geschildert habe, sollte ich bald nochmals zu untersuchen und zu bestätigen Gelegenheit finden, indem die beiden, von der letzten Fütterung mir übrig gebliebenen Kaninchen kurz darauf rasch hinter einander (am 30. März und 1. April — 21, resp. 23 Tage nach der Fütterung —) crepirten. Die Thiere waren stark abgemagert und hatten ihre frühere Lebhaftigkeit gänzlich verloren. Sie sassen schon seit 14 Tagen mit struppigen Haaren meist ruhig in einer Ecke und bewegten sich nur langsam und beschwerlich kriechend vorwärts. Diarrhoe war nur in einem der Fälle eingetreten und auch hier nach einiger Zeit wieder verschwunden.

Dass der Tod meiner Versuchsthiere eine Folge der Trichinose war, kann nicht bezweifelt werden, um so weniger, als auch Virchow in seinem Falle dieselbe Erfahrung machte. Schwieriger dürfte sich entscheiden lassen, ob die Muskelaffection oder der noch immer — wenn auch nicht mehr mit der früheren Intensität — fortdauernde pathologische Process im Darmkanale oder vielleicht beides zusammen die nächste Todesursache abgegeben habe. Spätere Untersuchungen haben nachgewiesen, dass die Mehrzahl der trichinisirten Kaninchen nach etwa vier Wochen — wenn nicht früher — zu Grunde geht. Pagenstecher schätzt die Sterblichkeit der trichinisirten Kaninchen in den ersten fünf Wochen auf 65%. Ich selbst habe im Laufe der Zeit wohl hundert Kaninchen trichinisirt, aber nur wenige, und immer nur alte und sehr kräftige Thiere, vollständig genesen sehen. Trotzdem sind die Krankheitserscheinungen im Ganzen nur wenig auffallend, wie oben geschildert worden. Nur ein einziges Mal beobachtete ich eine vollständige Lähmung mit Decubitus.

Doch kehren wir von diesen spätern Beobachtungen wieder zu den zwei ersterwähnten Kaninchen zurück. Wie die Abnahme der Darmerscheinungen schon von vorn herein vermuthen liess, hatte die Zahl der Darmtrichinen in beiden Fällen eine Reduction erfahren. Damit übereinstimmend wurden auch in den serösen Höhlen nur noch wenige Embryonen aufgefunden. Der Peritonealüberzug schien völlig gesund zu sein.

Die Untersuchung der Muskeln belehrte mich übrigens auf den ersten Blick von der Thatsache, dass die Einwanderung der Trichinen inzwischen keinen Augenblick unterbrochen war. Auch hier eine vollständige Stufenfolge der Entwicklungszustände: auf der einen Seite freie oder eben eingewanderte Embryonen, auf der anderen Seite Trichinen, die bis zu 0,7 Mm. maassen und auch schon vollständig zusammengeknäuelt waren. Das schlankere Kopfende zeigte dabei gewöhnlich eine stärkere Einrollung, als der meist in der Peripherie des Knäuels oder der Spirale gelegene Hintertheil.

Die Schläuche, in denen die Trichinen enthalten waren, besassen im Wesentlichen noch ganz die frühere Beschaffenheit, nur war die Lagerstätte der Parasiten nicht selten (Fig. 9) durch eine mehr oder minder bauchige Erweiterung (bis 0,1 Mm.) vor den übrigen Theilen ausgezeichnet, so dass dadurch der Uebergang zu jenem Verhalten vorbereitet wurde, das ich zuerst an den Wurmröhren meines Schweines (S. 35) gesehen hatte — damals allerding sin der irrthümlichen Meinung, dass diese Röhren keine Sarcolemmaschläuche, sondern veränderte Blutgefässe seien.

Nach den jetzigen Erfahrungen konnte über die Natur dieser Gebilde natürlich kein Zweifel mehr obwalten, obwohl inzwischen auch hier dieselbe Verdickung des ursprünglich so zarten Sarcolemmaschlauches stattgefunden hatte, die mir schon damals, bei der Untersuchung des Schweines, aufgefallen war und die richtige Erkenntniss der Sachlage erschwert hatte. Auf welche Weise diese Verdickung entsteht, ist schwer zu sagen, doch halte ich es für das Wahrscheinlichste, dass sie durch Auflagerung einer homogenen Masse, und nicht durch einfache Schwellung bedingt ist. Damit stimmt auch die Thatsache, dass das verdickte Sarcolemma ein ungewöhnlich starkes Lichtbrechungsvermögen besitzt.

Die im Innern dieser Schläuche enthaltenen Trichinen waren völlig entwickelt und, wie ein Fütterungsversuch zeigte, auch infectionsfähig, während ein Versuch, der mit dem Fleische des am 26. März — 17 Tage nach der Fütterung *) — geschlachteten Thieres angestellt war, ein eben so negatives Resultat geliefert hatte, wie ein ähnliches Experiment, zu dem das am 17. d. M. crepirte Kaninchen mit eben erst eingewanderten Embryonen das Material geliefert hatte. Aehnliche Erfahrungen sind auch von Fiedler, Pagenstecher, Kühn gemacht worden. Wir dürfen aus diesen Versuchen den Schluss ziehen, dass die Muskeltrichinen bereits drei Wochen nach der Infection mit trichinigem Fleische in völlig entwickeltem Zustande gefunden werden oder mit anderen Worten in kaum vierzehn Tagen aus den eingewanderten Embryonen sich hervorbilden. Bevor die Muskeltrichinen ihre volle Entwicklung erreicht haben, sind sie ausser Stande eine Infection zu veranlassen. (Bei Fütterung sog. jungtrichinigen Fleisches werden die Thiere übrigens zum Theil noch 3 und 4 Tage später frei in dem Darmkanale der Versuchsthiere aufgefunden. Sie haben ihre frühere Gestalt beibehalten, lassen jedoch keine Organisation mehr erkennen. Das Körperparenchym stellt eine homogene Masse von starkem Lichtbrechungsvermögen dar, fast wie ein Glasfaden. Die Thiere fallen auch leicht in Stücke, wie die in Menge aufzufindenden Residuen nachweisen.)

So oft wir bisher Gelegenheit hatten (S. 30, 60), die Versuchsthiere einige Wochen nach der Fütterung mit trichinigem Fleische zu untersuchen, haben wir überall eine Abnahme in der Zahl der Darmtrichinen und damit denn auch natürlich in der Menge der neu einwandernden Embryonen constatiren können. Es wird uns desshalb nicht überraschen, wenn wir erfahren, dass nach Ablauf von etwa vier (bis fünf) Wochen gewöhnlich nur noch wenige dieser Thiere lebend angetroffen werden. In der sechsten Woche habe ich

---

*) Fiedler hat allerdings einmal das Fleisch eines 17 Tage vorher gefütterten Kaninchens eine spärliche Menge von Muskeltrichinen produciren sehen (a. a. O. S. 14), aber die Parasiten dieses Fleisches maassen zum Theil bereits 0,6 Mm., waren also grösser, als in meinem Falle. Ein zweiter Versuch mit gleichaltem Trichinenfleische ergab ein negatives Resultat. Auch Pagenstecher sah von Fütterungsversuchen mit „jungtrichinigem" Fleische niemals einen Erfolg, den ersten am 18. Tage (a. a. O. S. 68). Aehnliche Beobachtungen bei Kühn (a. a. O.). Die frühesten Versuche dieser Art sind übrigens die meinigen, die hier freilich zum ersten Male im Detail dargestellt sind, deren Resultate aber schon im Arch. f. w. Heilk. Bd. I. S. 65 von mir angezogen wurden.

bei meinen Kaninchen fast immer vergebens darnach gesucht*). Einzelne Exemplare halten freilich länger aus, und bei gewissen Thieren, wie es scheint, sogar beträchtlich länger.

In der Hederslebener Epidemie hat man noch in der siebenten Woche ziemlich zahlreiche Darmtrichinen gefunden und bei dem Schweine habe ich in einem Falle sogar zwölf Wochen nach der Fütterung das Gleiche beobachtet. Natürlich lässt sich die Abnahme der Darmtrichinen nur durch die Thatsache erklären, dass dieselben allmählich mit den Excrementen nach aussen abgehen. Aber trotzdem ist es verhältnissmässig selten, dass man bei der Untersuchung des Kothes auf lebenskräftige Trichinen stösst. Nur bei Anwesenheit von Diarrhoen kann man mit einiger Sicherheit darauf rechnen, solche Thiere zu finden. In der grössern Mehrzahl der Fälle geht demnach der Tod der Ausfuhr voraus; die Darmtrichinen haben also eine Lebensdauer, die nur selten mehr als vier (bis fünf) Wochen betragen dürfte.

Vogel glaubt, dass die Trichinen nach Erschöpfung ihres Eiervorrathes zu Grunde gingen; er scheint also zu meinen, dass die Trichinen zu denjenigen Thieren gehören, die ihre Eier sämmtlich auf ein Mal produciren. Allein diese Ansicht ist irrig, wie man sich durch genauere Untersuchung des Geschlechtsapparates leicht überzeugen kann. Die Eibildung geschieht während des ganzen Lebens, obwohl nicht beständig mit gleicher Intensität, wie schon daraus hervorgeht, dass das Ovarium älterer Thiere nicht selten in einem Zustande mehr oder minder beträchtlicher Schrumpfung getroffen wird.

Unter solchen Umständen ist es natürlich schwer, die Summe der von den Darmtrichinen erzeugten Jungen auch nur annäherungsweise richtig zu bestimmen. Ich habe die Zahl derselben früher einmal auf 1000—1500 geschätzt. Pagenstecher glaubt, deren durchschnittlich 2000 annehmen zu dürfen. Heute will es mir fast bedünken, als wenn diese Zahlen kaum mehr als ein Minimum angeben und in der Regel um ein vielleicht Beträchtliches überschritten werden.

So viel aber ist gewiss, dass die Darmtrichinen äusserst fruchtbar sind. Und das ist ein Umstand, der nicht wenig dazu beiträgt, die Trichinenkrankheit zu einer so gefährlichen Affection zu machen. Einige wenige Embryonen würden vielleicht kaum schädlich sein — wo aber Millionen im Körper umherwandern, da sind trotz der mikroskopischen Kleinheit die gefährlichsten Zufälle geradezu unausbleiblich. Wie es scheint, ist es übrigens weniger die Wanderung selbst, welche die Gefahr bedingt, als vielmehr die in Folge der Wanderung auftretende Zerstörung resp. Entzündung des Muskelgewebes. Diese Veränderungen beginnen nun aber bekanntlich erst einige Zeit nach der Einwanderung der Embryonen und entwickeln sich erst allmählich — und so erklärt es sich denn, warum mit dem Absterben der Darmtrichinen und dem Aufhören der Wanderung nicht auch zugleich die Krankheitserscheinungen schwinden. Ebenso fällt auch der Höhepunkt der Krankheit (etwa in der vierten Woche nach der Infection) in eine Zeit, in der die Zahl der Darmtrichinen wie die der wandernden Embryonen bereits merklich abgenommen hat.

Die Trichinose hört erst auf, wenn die letzten Muskeltrichinen ihre volle Grösse erreicht haben und die Veränderungen des Muskelgewebes durch eine massenhafte Neubildung von Fasern ausgeglichen sind.

---

*) Fiedler giebt den 34. Tag als denjenigen an, an welchem er (beim Kaninchen) die letzten Darmtrichinen beobachtet habe (a. a. O. Seite 12). Pagenstecher sah dagegen noch nach 56 Tagen einzelne Exemplare (a. a. O. S. 65).

Auf welche Weise diese Neubildung geschieht, ist noch nicht mit Sicherheit festgestellt, wie denn überhaupt der Process der Muskelregeneration auch im gesunden Zustande bis jetzt erst wenig untersucht ist. Nach Colberg*) soll dieselbe von den Muskelkernen ausgehen, die sich in den inficirten Fasern bekanntlich massenhaft vermehren. Es sollen einzelne dieser Kerne sich mit feinkörniger Substanz umgeben, durch Ausscheidung einer äussern Hülthaut dann zu Zellen werden und schliesslich in neue Fasern auswachsen. Bei Mangel eigener Untersuchungen muss ich die Richtigkeit dieser Angaben dahin gestellt sein lassen.

Entwicklung der Kalkschale.

Nach Darlegung der voranstehenden Untersuchungen bleibt eigentlich nur noch ein einziger Punkt in der Lebensgeschichte unserer Trichina spiralis zu erledigen, und dieser betrifft weniger den Parasiten selbst, als vielmehr jene eigenthümliche runde oder citronförmige Schale, welche denselben vielleicht Jahrzehnte lang**) .ungefährdet seine Existenz in den Muskeln seiner Träger behaupten lässt.

Um die Frage nach dem Ursprunge dieser Schale zu lösen, waren mir von früheren Experimenten zunächst noch drei Versuchsthiere übrig geblieben, die beiden, gleichzeitig mit den ersten Hunden, im Januar 1860 gefütterten Schweine und ein Kaninchen, das am 4. März mit dem Fleische meines trichinisirten Schweines gefüttert war.

Alle drei Versuchsthiere waren mit Ausnahme der ersten Tage nach der Fütterung anscheinend gesund gewesen. Sie hatten wenigstens mit Appetit gefressen und niemals irgend welche auffallendere Krankheitssymptome zur Schau getragen***). Alle drei hatten inzwischen auch zu andern helminthologischen Experimenten gedient, die es wünschenswerth machten, dass mit einer gewissen Rücksicht über sie disponirt werde, wesshalb ich mich denn auch einstweilen auf die Untersuchung eines einzigen beschränkte. Ich konnte das um so eher, als der Befund die Frage, um die es sich hier handelte, in allen wesentlichen Punkten zur Entscheidung brachte.

Das betreffende Thier war ein Schweinchen, das ausser dem trichinigen Menschenfleische (Januar) im Laufe des März noch die Gedärme einiger trichinisirter Kaninchen gefressen hatte, auch weiter mit Taenia Echinococcus und T. Solium inficirt war.

Bevor ich jedoch den Sectionsbefund dieses Thieres, das am 1. Mai geschlachtet wurde, hier mittheile, mag es erlaubt sein, nochmals auf das zuerst (S. 35) erwähnte Schweinchen und dessen Verhalten zurückzukommen.

Die Trichinen lagen in diesem Falle (5 Wochen nach der Fütterung mit Trichinenbrut, einem Zeitraume; der sich, wenn wir von der Fütterung mit trichinigem Fleische an rechnen, auf etwa 6 Wochen verlängern würde) in dünnen Röhren, die sich zur Aufnahme

---

*) A. a. O.

**) So hat sich in der That bestätigt. Wir haben seitdem ein Paar Fälle von lebenden Muskeltrichinen (mit Kalkschalen) bei Menschen kennen gelernt, die 8, 13½ und selbst 18 Jahre vorher an Trichinose erkrankt waren. Vergl. Archiv für patholog. Anat. 1864, Bd. 29, S. 602; Bd. 30, S. 447; 1865 Bd. 32, S. 363; Vierteljahrsschrift für gerichtliche und öffentliche Medicin 1864, Bd. 25, S. 102.

***) Da die Thiere, wie sich nachher herausstellen wird, sämmtlich trichinig waren, so folgt daraus, dass die Trichinose — wie das auch seitdem von anderer Seite bestätigt worden — keineswegs in allen Fällen, auch nicht bei allen Schweinen, mit so auffallenden Erscheinungen verbunden ist, wie bei dem ersten meiner Versuchsthiere.

64

der Parasiten spindelförmig ausgeweitet hatten und von einer ziemlich dicken, doppelt con-tourirten Haut gebildet waren. Diese Röhren sind inzwischen als veränderte, resp. verdickte und auch zum Theil erweiterte Sarcolemmaschläuche erkannt worden. Wie in den noch einfach cylindrischen jüngeren Schläuchen, bestand ihr Inhalt — abgesehen von dem Para-siten — aus einer Körnermasse mit eingelagerten ovalen Körperchen, nur dass diese Masse eine vielleicht etwas hellere Beschaffenheit besass, als es früher der Fall gewesen. Grösse und Form der Erweiterung zeigten mancherlei Verschiedenheiten und ebenso auch der Durchmesser der nach beiden Seiten davon ausgehenden Röhre. Bald war die Erweiterung mehr langgestreckt und schlank, bald kürzer und bauchig; der Uebergang in die dünnen Röhren geschah bald allmählich, bald auch plötzlich. Mitunter zeigte die Wand der Erwei-terung, besonders nach dem Ende zu, einige tiefe bogen- oder ringförmige Einschnürungen.

Es könnte hiernach scheinen, als wenn die Röhren und deren Erweiterungen gleich-mässig von der feinkörnigen Inhaltsmasse erfüllt gewesen wären. So verhielt es sich auch in vielen, vielleicht den meisten Fällen (Tab. II, Fig. 13). Aber in anderen war die In-haltsmasse in den dann collabirten Röhren auf grosse Strecken geschwunden, so dass viel-leicht nur noch die Erweiterung und die zunächst angrenzenden Theile davon erfüllt waren. In weiterer Entfernung wurden dann höchstens noch an einzelnen Stellen grössere oder kleinere Klümpchen jener Masse vorgefunden. Es kam auch vor, dass der Inhalt der Er-weiterung an beiden Seiten durch eine mehr oder weniger tiefe Einschnürung scharf gegen den Inhalt der Röhre abgesetzt war, obwohl die umgebende Membran noch nach wie vor ohne irgendwelche Unterbrechung darin überging (Fig. 14).

Die Einschnürung rührte von einer hellen Substanz her, die sich an den Enden der Erweiterung ringförmig unter dem Sarcolemma gebildet hatte. Ich glaube nicht zu irren, wenn ich dieselbe als die erste Anlage der spätern Kapsel in Anspruch nehme.

In diesen Fällen bot der Inhalt der Erweiterung überhaupt so unverkennbar das Bild einer beginnenden Encystirung, dass ich keinen Augenblick über die Entstehung der Cysten in Zweifel war und schon damals die Ueberzeugung gewann, dass die spätere Schale der Muskeltrichinen aus dem Inhalte der veränderten Sarcolemmaschläuche und zwar durch Er-härtung (und schliessliche Verkalkung) der peripherischen Substanzlagen ihren Ursprung nehme.

In dieser Ueberzeugung wurde ich noch bestärkt, als es mir gelang, bei den in meinem Besitze befindlichen älteren Trichinencysten (nach Isolation und Behandlung mit Aetzkali) in der Peripherie der Kapsel den persistirenden Sarcolemmaschlauch mit aller Bestimmtheit nachzuweisen, ja in einigen Fällen sogar eine Strecke weit über deren Enden hinaus zu verfolgen*). So weit derselbe der Kapsel aufliegt, besitzt er ein stark glänzendes Aussehen und eine ziemlich feste Beschaffenheit, wohl in Folge der aufgenommenen Kalk-salze. Trotz der dichten Auflagerung findet aber keine eigentliche Verklebung mit der Kalkschale statt, so dass die letztere sich aus dem Sarcolemmaschlauche herausschälen lässt.

Dass diese Auffassung die richtige sei, fand nun am 1. Mai durch Untersuchung des etwa 17 Wochen vorher gefütterten zweiten Schweinchens seine volle Bestätigung.

*) Aehnliches bemerkt auch Meissner (a. a. O.), nur fällt es auf, dass dieser den Sarcolemmaschlauch an seiner Aehnlichkeit mit dem (unveränderten) Sarcolemma der Muskelbündel erkannt haben will, obwohl beide doch gewaltig von einander verschieden sind.

Bei blosser Ocularinspection liess sich an dem Muskelfleische des Versuchsthieres freilich keinerlei Veränderung nachweisen. Erst das Mikroskop zeigte die Anwesenheit von Trichinen, in Bauch- und Brustmuskeln sogar eine ziemlich beträchtliche Menge, vielleicht 15—20 auf etwa 10 Mgr. Fleisch. Eine jede Trichine lag, wie bei dem ersten Schweinchen, in einem ovalen oder rundlichen hellen Raume von etwa 0,4—0,5 Mm. Länge. Aber die Räume waren an den Enden geschlossen und so scharf gezeichnet, dass man sich des Gedankens, es habe die Encystirung bereits stattgefunden, nicht erwehren konnte. Die anliegenden Muskelfasern und die im Umkreis entwickelte kernreiche Bindegewebsmasse, die namentlich an den Enden der einzelnen Räume stark angehäuft war und zwischen die hier allmählich wieder convergirenden Muskelbündel sich einschob, verhinderte jedoch einstweilen noch die sichere Entscheidung.

Von den mit Körnermasse erfüllten Anhangsröhren, die wir früher mit den trichinenhaltigen Erweiterungen in Zusammenhang sahen, schienen in diesem zweiten Schweine kaum noch Spuren vorhanden zu sein. Das Einzige, was bei der Untersuchung dünner Muskelschnitte darauf hinwies, waren kernreiche Bindegewebsstränge, die zwischen die Muskelfasern eingelagert waren und sich in einzelnen Fällen ganz deutlich bis zu der eben erwähnten bindegewebigen Umhüllung der Trichinenkapseln verfolgen liessen. Ohne Kenntniss der vorausgegangenen Zustände würde man darin freilich wohl schwerlich etwas Abnormes gesehen haben.

Durch sorgfältige Präparation und Aufhellung der Bindegewebsmasse (mittelst Alkalien oder Essigsäure) gewann ich sehr bald eine nähere Einsicht in die hier vorliegenden Verhältnisse. Die Trichinen meines Schweines waren wirklich je in einer besondern Kapsel eingeschlossen, und diese hatte unter dem persistirenden Sarcolemmaschlauch*) durch Erhärtung der Oberfläche aus der eingeschlossenen Körnermasse ihren Ursprung genommen (Fig. 14). Freilich war die Kapsel noch dünn und auch einstweilen noch so wenig fest, dass sie schon durch leichten Druck gesprengt werden konnte, allein sie war mit aller Entschiedenheit vorhanden; eine structurlose, mehrfach geschichtete, helle Membran mit Molecularkörnern, wie wir sie auch (nur stärker angehäuft) im Innern der Kapsel zwischen den Muskelkernen antreffen. Eine Verkalkung war noch nicht eingetreten und das Lichtbrechungsvermögen einstweilen erst wenig auffallend. Ebenso erschien die innere Begrenzung der Cystenwand in vielen Fällen so wenig scharf gezeichnet, dass man sich der Vermuthung kaum enthalten konnte, es möchten sich hier immer noch neue und einstweilen nur unvollständig erhärtete Substanzschichten ablagern**). Die Grösse der Kapseln war bereits die spätere, wie denn auch die vielfach wechselnden Formen derselben schon deutlich erkennbar waren. Die Länge und Dicke der Kapseln verhielt sich in der Regel wie 4 : 3, doch gab es auch kürzere Kapseln mit einer mehr bauchigen Form, ja selbst solche, die völlig kuglig waren. In gleicher Weise wechselte auch die Grösse, doch liess sich die Länge durchschnittlich auf etwa 0,4 Mm. veranschlagen.

*) Manche Forscher (z. B. Vogel) lassen die Kapsel, was entschieden unrichtig ist, aus einer einfachen Verdickung des Sarcolemma hervorgehen.
**) Aehnliches beobachtet man bei manchen sog. Cuticularbildungen, mit denen die Trichinenkapsel auch in anderer Hinsicht (selbst chemisch?) manche Aehnlichkeit besitzt.

Am deutlichsten zeigt sich die Schichtung der Cystenwand an den Enden, an denen auch die Dicke am beträchtlichsten ist und die Erhärtung am vollständigsten stattgefunden hat. Namentlich bei den citronförmigen Cysten, deren zapfenförmig vorspringende Enden in ganzer Länge solidificirt sind, so dass der Innenraum eine einfache eiförmige Gestalt hat (Fig. 15).

Uebrigens sind nicht alle Cysten unseres Versuchsthieres von übereinstimmender Gestaltung. Viele besitzen nur einen einzigen Endzapfen, andere. gar keinen — von der wechselnden Länge dieser Zapfen und der bald mehr gestreckten, bald mehr bauchigen Form der Cyste abgesehen. Es finden sich bei unserem Schweinchen in dieser Beziehung dieselben Verschiedenheiten, die auch von den menschlichen Trichinencysten bekannt sind *).

Der Wurm im Innern der Cyste ist völlig ausgewachsen, aber immer noch ohne den mehrfach erwähnten Farre'schen Körnerhaufen. Das umgebende Sarcolemma hat ganz das frühere Aussehen beibehalten. Es überzieht in einer Dicke von etwa 0,001 Mm. die Seitenwand der Cyste und setzt sich auch noch über die Enden derselben fort, bald in Form eines sich allmählich zuspitzenden Zipfels (Fig. 16), bald auch als ein offener kurzer und mundstückartiger Aufsatz (Fig. 15). Das Letztere in der Mehrzahl der Fälle und namentlich bei fast allen citronförmigen Cysten, deren Endzapfen dann wallartig von der Oeffnung des Mundstückes umfasst werden. Das Ende dieses Aufsatzes erschien in der Regel wie abgeschnitten, doch gelang es in manchen Fällen, dasselbe in ein zartes und blasses Rohr sich verlängern zu sehen, das offenbar als Ueberrest des früheren Anhangsschlauches zu betrachten ist, in der Regel aber nur eine kurze Strecke in dem umgebenden Zellgewebe verfolgt werden konnte (Fig. 15). Bisweilen zeigte dieses Rohr einen unregelmässig geschlängelten oder selbst geknäuelten Verlauf.

Die Veränderungen, die zu dem gegenwärtigen Befunde hinführen, betreffen also nicht bloss die nächste Umgebung unserer Trichinen, nicht bloss die wurmhaltige Erweiterung der früheren Muskelbündel, sondern auch deren peripherische Theile, die während der Entwicklung der Kapsel allmählich von dem Ende her schwinden und schliesslich fast in ganzer Ausdehnung dem Processe der Rückbildung anheimfallen.

Ausser den bisher beschriebenen Trichinencysten fand ich bei meinem Schweinchen aber noch andere, die sich schon bei oberflächlichster Betrachtung davon unterschieden. Während die früher beschriebenen Kapseln nach dem Ausschälen als kleine und helle ovale Bläschen erschienen, die mit unbewaffnetem Auge kaum sichtbar waren, bestand diese zweite Form, die übrigens die geringere Menge ausmachte, aus rundlichen Knöpfchen von beträchtlicher Grösse (bis fast 1 Mm.) und weisslichem Aussehen. Sie waren mir aufgefallen, bevor ich noch die Existenz der gewöhnlichen Cysten constatirt hatte.

Grösse und Färbung der Körper rührten von der umgebenden Bindegewebshülle her, die eine sehr bedeutende Dicke erreicht hatte. Im Innern derselben fand sich ein rundlicher, ziemlich scharf begrenzter Hohlraum, aber keine Schale, und in diesem Hohlraum lag beständig eine abgestorbene und verglaste Trichine, die unter dem Drucke des Deckgläschens in Stücke brach. In einzelnen Fällen war die Form der Trichine noch

*) Ich halte es für sehr wahrscheinlich, dass diese Unterschiede zum grossen Theile von der verschiedenen Dicke der inficirten Muskelfaser herrühren.

unverkennbar, aber in anderen fand ich statt eines aufgerollten Glasfadens ein unregelmässiges Agglomerat von grössern und kleinern Bruchstücken, in dem man den früheren Bewohner unmöglich ohne Weiteres erkennen konnte. Bei Zusatz von Salzsäure sah man die Massen unter Gasentwicklung (bisweilen unter leichter) einschmelzen. Die nächste Umgebung der Massen bestand aus dem gewöhnlichen Inhalte der Trichinenkapseln, aus der bekannten von zahlreichen bläschenförmigen Kernen durchsetzten Molecularmasse.

Dass es abgestorbene und verödete Trichinen waren, die hier vorlagen, konnte keinen Augenblick zweifelhaft sein. Offenbar war auch der Tod schon eine längere Zeit vor dem Untersuchungstermine eingetreten. So bewies nicht bloss die Verkalkung der Trichinen, sondern auch die Abwesenheit der specifischen Kapsel, deren erste Bildung wir etwa in die 10.—12. Woche nach der Infection verlegen dürfen. Ob die abnorme Verdickung der Bindesubstanz die Verödung herbeigeführt hatte, oder beide Momente zusammen von einer gemeinschaftlichen Ursache — vielleicht einer allzustarken Entzündung des Muskelgewebes — bedingt waren, wird sich schwer entscheiden lassen.

Bei einer spätern Gelegenheit werden wir auf diesen ungewöhnlichen Befund zurückkommen.

Das am 4. März gefütterte Kaninchen kam Mitte Juni, also nach etwa 15 Wochen, zur Untersuchung. Es war, wie das eben erwähnte Schwein, vollständig gesund und hatte auch an Fleisch beträchtlich wieder zugenommen. Bei mikroskopischer Untersuchung der Muskeln ergab sich — von dem Mangel frühzeitig abgestorbener und verkalkter Trichinen abgesehen — eine so vollständige Uebereinstimmung mit dem voranstehend beschriebenen Befunde, dass ich nur Weniges hinzuzusetzen habe. Die auch hier deutlich unterhalb des Sarcolemma gelegene Kapsel hatte an den Seitenwänden eine durchschnittliche Dicke von 0,026 Mm. Die Innenfläche derselben bot in manchen Fällen ein Bild dar, als wenn sie von einer Pflasterepithellage bekleidet sei. Dasselbe rührte von den ehemaligen Muskelkernen her, die bis dicht an die Kapselwand hinangedrängt waren. Manche dieser Kerne schienen auch in die Masse der Kapselwand eingeschlossen zu sein. Man unterschied wenigstens hier oder dort im Innern derselben Körperchen, die leicht in diesem Sinne gedeutet werden konnten. Das die Kapsel umgebende und wie früher auch hier wiederum an den Enden angehäufte Bindegewebe zeigte nach der Injection ein reiches Capillarnetz, das schon von L u s c h k a beschrieben ist und nach C o l b e r g 's Untersuchungen aus einem Theile der kleinzelligen Wucherungen hervorgeht, die wir bei früherer Gelegenheit als die Anfänge dieser Bindegewebsbildung kennen gelernt haben. Ein jeder Pol der Kapsel zeigte sein eignes Gefässsystem, mit zuführendem und abführendem Stämmchen, die natürlich beide mit den gewöhnlichen Muskelgefässen zusammenhingen.

Die ersten Spuren der Verkalkung sah ich bei einem Schweinchen, das (1863) fünf Monate vor seinem Tode trichinisirt war und längere Zeit hindurch an Darm- und Muskelerscheinungen gelitten hatte, ohne jedoch vollständig gelähmt zu sein. Aber auch hier waren es erst einzelne Kapseln, welche diesen Process erkennen liessen. In allen Fällen begann derselbe an den Polen der Kapsel, die bekanntlich überall am dicksten sind, und zwar beständig in der Tiefe. Man erkannte zunächst einen mehr oder minder flächenhaft ausgebreiteten Haufen kleiner Kalkkörner, dessen einzelne Theile entweder eine längere Zeit isolirt blieben oder schon frühe zu einer homogenen Masse zusammenflossen, die dann aussah, als wenn sie uhrglas- oder scheibenartig zwischen die Schichten der Kapselwand eingelagert wäre. Nur in seltenen Fällen erlangte diese Concretion eine beträchtlichere Dicke, mitunter auch nur an dem einen Pole (Fig. 17), wie denn die beiden Enden der Kapseln überhaupt keineswegs überall und immer dieselbe Entwicklung darboten. In allen Fällen waren die Kalkablagerungen aber scharf contourirt und durch ihr Lichtbrechungsvermögen deutlich gegen die übrige Masse der Kapselwand abgesetzt.

Ein noch weiteres Stadium der Verkalkung beobachtete ich bei dem letzten der mit dem Fleische aus Halle (Januar 1860) gefütterten Schweine, das inzwischen auch für andere Experimente verwendet war und im März nochmals Trichinenfleisch gefressen hatte *). Das Thier wurde im September, 8 und resp. 6½ Monate nach der Infection, geschlachtet. Die Beschaffenheit der Kapseln war nicht überall die gleiche. Einzelne derselben zeigten noch keine Spur der Verkalkung, andere wurden mit den schon bei dem vorigen Schweine beobachteten Kalkbröckeln oder Kalkscheibchen gefunden. Aber die grössere Mehrzahl liess in den Polen der Kapsel ein unregelmässig geformtes dickes Concrement erkennen, das mit der darunter hinziehenden noch unverkalkten Lamelle nicht selten buckelförmig in den Innenraum der Kapsel vorsprang. Es waren, wie es mir schien, namentlich die citronenförmigen Kapseln, welche diese Concremente enthielten, während die mehr bauchigen Formen eine dünnere, dafür aber auch breitere uhrglasförmige Kalkscheibe einschlossen (Fig. 18). Aber immer war es einstweilen ein verhältnissmässig erst kleines Segment der gesammten Kapsel, das durch Verkalkung fest geworden war. Die Aequatorialzone war in allen Fällen noch frei und zwar in einer Breite von mindestens drei Fünftheilen der gesammten Länge. Der Inhalt der Kapsel war scharf gegen die umgebende Wand abgesetzt und so stark eingedickt, dass er nach Anstechen der letzteren in Form eines langen Stranges sich windend nach aussen hervortrat — zugleich ein Zeichen von der Stärke des elastischen Druckes, den die Kapselwand ausübte. Zum ersten Male sah ich bei diesem Thiere die Fettanhäufungen an den Polen der Trichinenkapsel, die in ältern Fällen auch bei dem Menschen gewöhnlich gefunden werden und schon bei den älteren Beobachtern vielfach Beachtung gefunden haben. Es war offenbar das Bindegewebe, das zu der Ablagerung dieser Fettballen Veranlassung gegeben hatte, hier, wie an anderen Stellen zwischen den Muskelfasern.

Ich habe bis jetzt noch keine Gelegenheit gehabt, die weiteren Stadien des Verkalkungsprocesses experimentell zu verfolgen, und weiss desshalb denn auch nicht anzugeben, um welche Zeit die ganze Kapsel mit Kalk imprägnirt ist. Es ist nur eine ungefähre Schätzung, wenn ich die Vermuthung ausspreche, dass beim Schweine dazu etwa 15 bis 16 Monate gehören. Dabei muss ich jedoch ausdrücklich bemerken, dass in der Chronologie dieses Verkalkungsprocesses voraussichtlicher Weise mancherlei Schwankungen und Unregelmässigkeiten, ja vielleicht sogar specifische Verschiedenheiten **) vorkommen. Trifft man doch auch in Leichen mit sonst vollständig verkalkten Trichinenkapseln nicht selten

*) Dieselbe Entwicklungsstufe kam auch später (1864) bei einem Schweine zur Beobachtung, das sieben Monate vorher von Prof. Mosler gefüttert war.
**) Fürstenberg bemerkt, dass er bei den Kaninchen den Beginn der Verkalkung erst anderthalb Jahre nach der Fütterung beobachtet habe. Fiedler sah dagegen schon in dem siebenten und achten Monate punktförmige Kalkablagerungen eintreten. Pagenstecher giebt sogar den 80. Tag als denjenigen an, an dem er die ersten Ansammlungen von Kalkconcretionen in der Cystenwand bemerkt habe. Bei dem Hunde waren (nach Vogel) 5 Monate nach der Fütterung die ersten Kalkablagerungen vorhanden.

einzelne, die keine Spur von Kalkablagerung erkennen lassen. Auch die Form der Verkalkung ist nicht immer die gleiche. Bald sind es blosse Kalkmolecule, die sich neben einander ablagern, bald tritt eine mehr gleichartige Verglasung ein. Mit der vollständigen Umbildung der Kalkschale ist der Process der Verkalkung aber noch nicht abgeschlossen. Die Schale verdickt sich auf Kosten des Innenraumes, bis schliesslich nach Jahr und Tag auch der bis dahin lebendige Wurm dem Untergange anheimfällt, und dann entweder verschwindet oder gleichfalls verglast wird Ich verweise hier auf die schönen Beobachtungen von Bristowe und Rainey, die wir in dem geschichtlichen Theile der Abhandlung angezogen haben, und füge hinzu, dass ich selbst einst Trichinenfleisch von einer menschlichen Leiche untersuchte, dessen Insassen keine Entwicklungsfähigkeit mehr besassen, weil sie sämmtlich verkalkt und grossentheils auch in Stücke zerfallen waren.

Wenn man das Ende dieses Processes in's Auge fasst, dann darf man von dem Beginn der Verkalkung auch wohl die Involutionsperiode unserer Würmer datiren. Die beträchtliche Dauer, die derselben zukommt, wird man kaum gegen die Berechtigung einer derartigen Auffassung anführen.

Es versteht sich nach den voranstehenden Beobachtungen von selbst, dass die Cystenwand aus einer einfachen Substanz besteht, die weder fasriger noch zelliger Structur ist. Eben so wenig lässt sich dieselbe (mit Bischoff und Luschka) in zweierlei Kapseln zerlegen — es müsste denn sein, dass man das persistirende Sarcolemma als äussere Kapsel in Anspruch nehmen wollte.

Mit den bei den Blasenwürmern vorkommenden äusseren Bälgen lässt sich die Schale der Trichinen nicht vergleichen. Viel eher mit den (bekanntlich chitinösen) Ausscheidungen, mit denen sich die eingewanderten Cercarien umgeben. Sucht man für die Umhüllung der Blasenwürmer nach einem Analogon bei unseren Parasiten, so kann man solches nur — aber auch mit vollem Rechte — in der Bindegewebsmasse finden, welche die Kapsel umspinnt und von Farre, wie wir wissen, auch wirklich als äussere Kapsel bezeichnet wurde. (Die trichinenartigen Jugendzustände von Ollulanus sind bloss mit dieser Bindegewebshülle umgeben. Aber dafür fehlt hier auch die Einwanderung in Muskelbündel.)

Weitere Versuche.

Ueber die Verbreitung der Trichinen.

Die Thiere, die zu den voranstehend beschriebenen Versuchen gedient hatten, waren Hunde, Katzen, Mäuse, Kaninchen, Schweine. Bei allen wurden Darmtrichinen erzogen, Muskeltrichinen nur bei den zwei letztgenannten Arten.

Wie schon früher einmal bemerkt, habe ich seit Beginn meiner Untersuchungen bis jetzt etwa 100 Kaninchen trichinisirt, und mit einigen wenigen Ausnahmen (etwa 5—6) immer ein positives Resultat erhalten. Die unter den Ausnahmen aufgeführten Kaninchen waren, wie die übrigen, mit völlig ausgereiften Muskeltrichinen gefüttert, und zwar mit ziemlich reichlichen Mengen. Trotzdem blieben sie gesund und ohne Parasiten. Da in anderen gleichzeitig mit demselben Fleische gefütterten Kaninchen Muskeltrichinen gefunden wurden, so kann die Ursache des Missglückens nur in den Thieren selbst gesucht werden. Die Thiere besassen eine Immunität gegen Trichinen.

Auch unter den Schweinen scheinen ähnliche Verhältnisse vorzukommen. Haubner berichtet von einem jungen Schweine*), das zwei Mal (am 26. Mai und 22. Juli), und das letzte Mal mit sehr bedeutenden Quantitäten trichinigen Fleisches gefüttert war, auch ausserdem noch den trichinenhaltigen Dünndarm eines andern Schweines gefressen hatte. Das Schwein zeigte 4 Tage nach der ersten Fütterung eine fieberhafte Erkrankung mit den Erscheinungen des sog. Rothlaufs, die natürlich auf Rechnung der Trichinenentwicklung gesetzt wurde. Trotzdem wurde dasselbe am 27. December völlig trichinenfrei gefunden, während andere gleichzeitig gefütterte Thiere sämmtlich trichinig waren. Die Excremententleerung war während der Krankheit verzögert, so dass man keinen Grund für die Annahme hat, es seien die gefütterten Trichinen mit dem Kothe wieder abgegangen.

So wenig zahlreich diese Fälle bis jetzt übrigens sind, so beweisen sie doch soviel, dass auch unter denjenigen Thieren, die sonst den Trichinen gegenüber eine ausserordentliche Empfänglichkeit besitzen, einzelne Individuen mit völliger Immunität gefunden werden. Wodurch diese Immunität bedingt wird, ist einstweilen — wie in anderen ähnlichen Fällen**) — unbekannt. Man hat wohl an die Möglichkeit gedacht, dass Alter, Geschlecht und Race hier von einem gewissen Einflusse sei und diese Behauptung namentlich bei dem Schweine zur Geltung bringen wollen, indem man behauptete, dass nur das ungarische Schwein und nicht unsere einheimische Race trichinig werden könnte, allein es ist das eine durchaus unbegründete Annahme. Meine eigenen Versuche sind an Schweinen unserer gemeinen Landrace angestellt, Andere haben mit Thieren anderer Racen experimentirt (Pagenstecher sogar mit dem chinesischen sog. Larvenschweine) — und überall sind die Thiere trichinig geworden.

Die Ursachen der Immunität sind offenbar bloss individueller Natur. Nach einem von Kühn angestellten Versuche gewinnt es übrigens den Anschein, als wenn auch dasselbe Thier bei wiederholter Trichinenfütterung nicht immer die gleiche Infectionsfähigkeit zeige, als wenn es also nicht bloss eine absolute, sondern gelegentlich auch eine (zeitlichen Schwankungen unterworfene) relative Immunität gebe***).

Die Schweine und Kaninchen sind übrigens nicht die einzigen Säugethiere, die eine grosse Empfänglichkeit für die Trichineninfection besitzen. Ich kann denselben nach eigenen und fremden†) Versuchen noch eine ganze Reihe anderer Arten hinzufügen.

Zunächst und vorzugsweise die Ratte. Schon vor mehreren Jahren (1863) habe ich die Ratte als Trichinenträger bezeichnet, und zwar auf Grund von Experimenten, durch die ich allmählich eine ganze Colonie dieser Thiere zum Aussterben brachte. Die Thiere, die das trichinige Fleisch mit grosser Begierde verzehrten, starben sämmtlich — es waren deren acht — im Laufe der vierten oder fünften Woche und erwiesen sich ausnahmslos als stark trichinisirt. Ich habe seitdem Gelegenheit gehabt, an einem Orte, an dem eine längere Zeit hindurch mit trichinigem Fleische experimentirt wurde, eine spontane Trichinenepidemie unter den Ratten zu beobachten, die mehrere Monate anhielt und — nach der

---

*) Bericht über das Veterinärwesen im Königreich Sachsen 1862/63 S. 117.
**) Vergl. Leuckart, die menschlichen Parasiten I. S. 87.
***) Eine ähnliche Erfahrung machte auch Fiedler bei einem Schweine (a. a. O. S. 518).
†) Vergl. besonders Pagenstecher a. a. O. S. 58.

Beschaffenheit der Muskeltrichinen zu schliessen — sich vielfach propagirte. Kühn *) hat in Halle eine völlig übereinstimmende Beobachtung gemacht. Auch Pagenstecher, der mehrfach mit Ratten experimentirte, hat gesehen, dass die gefütterten Trichinen im Darme geschlechtsreif wurden. Nach den Angaben desselben Forschers ist auch in Heidelberg eine spontan trichinige Ratte beobachtet.

Die Hausmaus, die ich bereits vor vielen Jahren als geeignet für die Zucht der Darmtrichinen erprobte (S. 7) und auch neuerdings wieder (S. 39) zu diesem Zwecke in Anwendung brachte, ist gleichfalls von Pagenstecher mit Glück trichinisirt worden. Die Versuchsthiere gingen allerdings, wie bei meinen Experimenten — mit einer einzigen Ausnahme — frühzeitig zu Grunde, aber in zweien wurden doch bereits Muskeltrichinen, wenn auch nur unvollkommen entwickelt, aufgefunden. Auch in den Feldmäusen gelang Pagenstecher die Zucht von Darm- und Muskeltrichinen. Ich selbst habe inzwischen hier in Giessen mehrfach spontan trichinige Mäuse mit ausgewachsenen und eingekapselten Würmern beobachtet.

Ein mit trichinigem Fleische gefütterter Hase ging am siebenten Tage mit bruterfüllten Darmtrichinen zu Grunde (Pagenstecher). Ein von mir angestelltes Experiment hatte insofern einen bessern Erfolg, als ich nach vierzehn Tagen zahlreiche junge Muskeltrichinen fand. Das Thier starb unter heftigen Darmerscheinungen (starker Diarrhoe).

Bei den Meerschweinchen hat schon Claus völlig reife Muskeltrichinen zur Entwicklung gebracht. Pagenstecher beobachtete Darmtrichinen und constatirte die Einwanderung der jungen Brut in das Zwerchfell. Die Versuchsthiere crepirten.

So viel über Nager. Unter den Raubthieren ist schon seit längerer Zeit (zuerst durch Gurlt) die Katze als Trichinenträger bekannt geworden. Ich selbst habe in Giessen mehrfach — noch ganz neuerlich — spontan trichinige Katzen beobachtet und einem dieser Thiere auch das Fütterungsmaterial entnommen, mit dem ich (1855) meine ersten Experimente anstellte. Auch Andere (wie Rupprecht und Kühn) haben bei Katzen Muskeltrichinen gesehen, so dass das Vorkommen derselben nichts weniger als selten zu sein scheint. Zur Zucht ist die Katze von mir, Fiedler und Pagenstecher verwendet. Meine eigenen Experimente ergaben bekanntlich blosse Darmtrichinen, während Pagenstecher in einem Falle (nach 40 Tagen) mässig viele, meist eingekapselte Muskeltrichinen vorfand. Auch Fiedler erzog bei der Katze Muskeltrichinen.

Mit einem Fuchse experimentirte Pagenstecher trotz mehrfach wiederholter Fütterung ohne Erfolg. Das Thier, welches 2 Tage nach der letzten, 52 Tage nach der ersten Fütterung getödtet wurde, ergab weder Darm- noch Muskeltrichinen. Trotzdem giebt es trichinige Füchse. Ich erhielt wenigstens vor Kurzem von dem Herrn Apotheker Werneburg in Schmalkalden Fuchsfleisch mit zahlreichen eingekapselten Trichinen und ersehe aus dem Begleitschreiben, dass dieser Fund schon in dem dritten Fuchse gemacht wurde. Ob trichinige Füchse häufiger sind, wird sich bald herausstellen. Ein zweiter durch Prof. Kühn mir brieflich communicirter Fall von Herrn Lehrer Röse in Schnepfenthal dürfte mit dem eben erwähnten zusammenfallen, da es auch hier der dritte Fuchs gewesen sein soll, der auf Trichinen untersucht ward.

Möglichen Falls verhält sich der Fuchs wie der Hund, der, so leicht und constant er auch die Darmtrichinen zur Ausbildung bringt, doch für die Entwicklung der Muskeltrichinen weniger günstig ist. Virchow, Zenker, Davaine, Fiedler, Pagenstecher gelang

*) A. a. O. S. 39.

es — trotz mehrfacher Versuche — niemals, die letzteren zu erziehen. Auch ich erhielt einige Male solche negative Resultate, daneben aber auch ein positives, über das ich bereits in der ersten Auflage meiner Untersuchungen ziemlich ausführlich berichtete *). Es war der auf S. 39 erwähnte Hund, der nach dem verunglückten ersten Experimente am 14. März (1860) von neuem mit trichinigem Fleische gefüttert wurde und acht Wochen später bei der Section frisch eingekapselte Trichinen erkennen liess. Die Trichinen waren allerdings nicht sehr zahlreich, aber immer noch häufig genug, um die Menge auf einige Hunderttausende abschätzen zu lassen. Das Zwerchfell, das am reichlichsten durchsetzt war, enthielt ungefähr 6 Stück auf 10 Mgr. Fleisch. Auch Erb**) und Vogel***) haben später je ein Mal Muskeltrichinen beim Hunde erzogen.

Ein Marder, den ich mit trichinigem Fleische gefüttert hatte, ergab bei der 7 Wochen später vorgenommenen Section gleichfalls Muskeltrichinen, aber in nur spärlicher Menge. Herr Apotheker Werneburg schreibt mir so eben auch von einem spontan trichinigen Iltis, den er untersucht habe. Nach Herbst soll auch der Dachs trichinig sein können. Derselbe giebt wenigstens an, mit dem Fleische eines trichinigen Dachses drei Hunde trichinisirt zu haben. Wiesel und Maulwurf, mit denen Herbst gleichfalls experimentirte, sind hier einstweilen noch auszuschliessen, da die „Trichinen" derselben nachweislich (S. 11) andere Muskelwürmer waren. Kühn hat übrigens in einem mit Trichinenfleische gefütterten Maulwurfe vier Tage später geschlechtsreife Darmtrichinen aufgefunden.

Nach Rolleston†) soll auch der Igel gelegentlich von Muskeltrichinen heimgesucht sein. Meine Versuche, die zu verschiedenen Zeiten angestellt wurden, ergaben Folgendes. Das erste Mal wurden zwei Igel gefüttert, ein grosser und ein kleiner. Es war am dritten Ostertage 1864. Beide Thiere frassen mit grossem Behagen, begannen aber schon am folgenden Tage zu kränkeln. Sie hatten keinen Appetit, waren unlustig und rollten sich zusammen. Am dritten Tage crepirte das kleinere Individuum. Der Darm war stark injicirt, mit dicker Schleimschicht überzogen und mit zahlreichen kleinen Extravasaten bedeckt. Die Trichinen waren aus den Kapseln gefallen und eben geschlechtsreif geworden. Das zweite Exemplar verharrte im zusammengerollten Zustande, ohne zu fressen, wie im Winterschlafe, volle 7 Wochen. Am ersten Pfingsttage nahm es zum ersten Mal wieder Speise. Es lebte dann bis Anfang Juni, wo es eines Tages todt gefunden wurde. Die Section liess keine Trichinen auffinden, obwohl darnach eifrig gesucht wurde. Der dritte Igel frass gleichfalls beträchtliche Quantitäten trichinigen Fleisches. Er blieb anscheinend gesund und wurde in der vierten Woche nach Einleitung des Experimentes getödtet. Ein Paar Kaninchen, die mit demselben Fleische und zwar mit viel geringeren Quantitäten gefüttert waren, zeigten zahllose Trichinen im Muskel und auch noch ziemlich viele im Darme, aber unser Igel ergab nichts Anderes, als einige sehr spärliche und noch vollkommen gestreckte junge Trichinen im Zwerchfell. Obwohl diese Thiere erst vor Kurzem eingewandert sein mussten — sie hatten die Länge von kaum 0,2 Mm. —, wurden keine Darmtrichinen aufgefunden. Jedenfalls gehört der Igel nicht zu den empfänglicheren Säugethieren.

---

*) Trotzdem werde ich von Virchow mit grosser Consequenz zu den Forschern gezählt, die bei dem Hunde keine Muskeltrichinen erzielen konnten.
**) Centralblatt für die medic. Wissenschaften 1864, N. 54.
***) A. a. O. S. 46.
†) Turner, Edinb. med. Journ. 1860 p. 209.

Bei zweien Fledermäusen wurden 17 und resp. 18 Tage nach der Fütterung weder Darm- noch Muskeltrichinen aufgefunden (Fiedler). Auch die Wiederkäuer sind in den Kreis dieser Untersuchungen hineingezogen und zwar zunächst wiederum durch mich. (Vergl. S. 42 und 43 der ersten Auflage dieser Monographie.)

Ein zwei Jahre alter Schöps, der mit trichinigem Fleische gefüttert war, ergab sich bei der vier Wochen später vorgenommenen Section trichinenfrei, obwohl am vierten Tage nach der Fütterung in dem die Kothballen umhüllenden Schleime einzelne geschlechtsreife Trichinen nachgewiesen werden konnten. Fiedler ist späterhin glücklicher gewesen[*]), indem er einen jungen Schöps wirklich trichinisirte. Allerdings waren die Trichinen nur sparsam, obwohl das Thier mehrfach mit ansehnlichen Quantitäten von Fleisch gefüttert war. Die Kapseln hatten eine ungewöhnliche Grösse und liessen sich schon mit blossem Auge erkennen, obwohl sie — 5 Monate nach der ersten Fütterung — noch keine Kalkablagerungen zeigten. Da die eingeschlossenen Thiere nur zum Theil lebendig waren, andern Theils aber geschrumpft, missfarben und abgestorben schienen, so bietet der Fall manche Aehnlichkeit mit dem von meinem zweiten Schweine oben (S. 66) beschriebenen Befunde.

Aehnliche Resultate sind bei dem Kalbe erzielt worden. In dem von mir angestellten Experimente wurde dem jungen Thiere vielleicht ein Pfund trichinigen Fleisches beigebracht. Sieben Tage später trat eine heftige Erkrankung (mit Kolikschmerz und Durchfall) ein, der das Kalb nach vier Tagen erlag. Bei der Section zeigten sich die gewöhnlichen Erscheinungen der Darm- und Bauchfellentzündung, mit zahllosen trächtigen Trichinen. Auch Pagenstecher fand bei einem Kalbe, das er 19 Tage vorher gefüttert hatte, grosse Mengen Darmtrichinen, aber daneben auch Muskeltrichinen aller Stadien bis zu einer Grösse von 0,65 Mm. Zahlreiche gelbliche Flecke von 0,5 — 1 Mm. Durchmesser, die in die Darmwand eingelagert waren und namentlich am freien Rande des Darmes in Menge durch die äusseren Hüllen hindurchschimmerten, erwiesen sich als Infarcte von Darmfollikeln, in denen zwischen verfetteten Residuen des Vereiterungsprocesses gewöhnlich mehrere (bis 10) todte Trichinen und zwar merkwürdiger Weise immer Weibchen, enthalten waren[**]). Ein von Mosler angestelltes Experiment ergab nach 2 Monaten ein durchaus negatives Resultat[***]). Bei einer Ziege wurden von Pagenstecher trotz wiederholter Fütterung nach 27 resp. 21 Tagen nur einige wenige reife Darmtrichinen aufgefunden.

Bei einem mit Trichinenfleische gefütterten Pferde konnte von Haubner später keine Spur unserer Würmer entdeckt werden.

Die hier angezogenen Versuche belehren uns von der Thatsache, dass die Trichinen bei einer ungewöhnlich grossen Menge der verschiedensten Säugethiere die Bedingungen ihrer Entwicklung finden. Das schliesst natürlich nicht aus, dass die Empfänglichkeit für unsere Parasiten bei den einzelnen Thieren sehr ungleich ist, dass mit anderen Worten zahlreiche Arten, auch wenn sie gelegentlich sich trichinisiren lassen, doch für gewöhnlich eine Immunität zeigen. Im Naturzustande werden manche der hier als Trichinenträger verzeichneten Thiere auch dadurch geschützt sein, dass sie (wie

[*]) A. a. O. S. 514.
[**]) A. a. O. S. 92.
[***]) Helmintholog. Untersuchungen S. 26.

besonders die Wiederkäuer) für gewöhnlich kein Fleisch geniessen, es vielleicht sogar geradezu verabscheuen.

Von besonderem Interesse ist weiter noch der Umstand, dass die Entwicklungsbedingungen für die Muskeltrichinen viel enger sind, als für die Darmtrichinen. Viele Arten sind wohl fähig, die gefütterten Muskeltrichinen in geschlechtsreife Darmwürmer umzuwandeln, aber die Brut derselben geht zu Grunde — sei es, weil die Wanderung der Embryonen auf ungewöhnliche Hindernisse stösst, sei es, weil die Ernährungsverhältnisse die weitere Ausbildung derselben nicht gestatten.

Diese letztere Thatsache findet durch zahlreiche (von mir, Fiedler, Pagenstecher) bei verschiedenen Vögeln angestellte Fütterungsversuche eine neue Bestätigung. Es ist durchaus nicht schwer, in Huhn, Puter, Taube, Gans Darmtrichinen zu erziehen — andere namentlich von Pagenstecher zum Versuche verwendete Arten gaben bis auf Dohle und Eichelhäher beständig negative Resultate — aber Niemand hat bis jetzt bei einem Vogel Muskeltrichinen zur Entwicklung bringen können. Die Angaben von Herbst, die allerdings anders lauten, beziehen sich wieder auf die sog. Maulwurfstrichine, die ich schon mehrfach als eine jugendliche Ascarisform habe in Anspruch nehmen müssen. Bei Fröschen und Wassersalamandern gelingt nicht einmal die Zucht von Darmtrichinen (ich, Claus, Pagenstecher). Viele der gefütterten Trichinen sterben in ihren Kapseln, andere fallen wohl aus, aber gehen dann in gleicher Weise, ohne weitere Entwicklung, zu Grunde.

In fleischfressenden Insekten und Insektenlarven (Dytiscus, Fliegenlarven) bleiben die mit der Nahrung aufgenommenen Trichinen mitunter einige Tage am Leben (Probstmeyer, Pagenstecher) — aber nur, um dann gleichfalls ohne weitere Entwicklung abzusterben.

Anatomisches.

Die Bemerkungen über den anatomischen Bau der Trichinen, die ich hier anhänge, sollen ihren Gegenstand zunächst nur in so weit behandeln, als das zur Completirung des im Voranstehenden von unserm Parasiten entworfenen Bildes nothwendig ist. Sie machen keinen Anspruch auf Vollständigkeit; zu eingehenden, namentlich auch histologischen Untersuchungen bot die reiche Fülle der hier ihrer Erledigung harrenden drängenden Fragen weder Zeit noch Ruhe.

Natürlich ist der innere Bau unserer Trichinen schon in den voranstehenden Darstellungen mehrfach berücksichtigt worden. Was ich hinzuzufügen habe, beschränkt sich nur auf einiges Wenige.

Die Körperoberfläche der Nematoden wird bekanntlich von einer ziemlich festen und elastischen äussern Haut bekleidet, die durch ihre histologischen und chemischen Eigenschaften den Chitinmembranen verwandt ist. Unsere Trichine macht in dieser Beziehung keine Ausnahme. Ihr Körper ist mit einer durchsichtigen Cuticula überzogen, in der sich keinerlei geformte Elementartheile unterscheiden lassen. Die Dicke derselben ist in Uebereinstimmung mit der unbedeutenden Körpergrösse nicht eben allzu beträchtlich, kaum 0,001 Mm.

Schon Henle giebt an, dass diese Haut ein „geringeltes" Aussehen habe, und Luschka erweitert diese Angabe dahin, „dass dieselbe aus einer grossen Anzahl Glieder bestehe, deren Grenzen durch äusserst feine circulare Linien bezeichnet seien". In der That wird man bei genauerer Untersuchung besonders von Muskeltrichinen zahlreiche Präparate finden, an denen dieselben schmalen und zierlichen Querringel sichtbar sind, die bei den Nematoden als charakteristische Zeichnung der Cuticula so häufig gefunden werden. Dass diese Zeichnung aber bei unserer Trichine besonders deutlich sei, wie Küchenmeister sagt, kann ich nicht finden. Im Gegentheil, ich sehe zahlreiche Exemplare, in denen dieselbe kaum oder gar nicht nachweisbar ist. Freilich gilt das nur von unverletzten und gestreckten Exemplaren. Sobald die Leibeshülle nach einer Verletzung und theilweiser oder auch gänzlicher Entleerung ihres Inhaltes sich zusammengezogen hat, ändern sich die Verhältnisse. Man sieht dann die schönsten und dichtesten Ringel, oder richtiger vielmehr Runzeln um den Körper herumlaufen, bald nur an einzelnen Stellen, bald auch in ganzer Länge. Ebenso bei einer stärkern Krümmung, doch dann zunächst nur an dem concaven Rande (Tab. I, Fig. 12). Aus diesem Grunde tritt die Ringelung auch an den Muskeltrichinen, wie oben bemerkt wurde, deutlicher hervor, als bei den mehr gestreckten Geschlechtsthieren.

10*

Vor der Zusammenrollung und deutlichen Differenzirung der innern Organe habe ich diese Bildung niemals auffinden können. Die Cuticula ist vorher eine einfache, äusserst dünne Membran und als solche schon bei den Embryonen nachweisbar. Nach Analogie der übrigen Spulwürmer müssen wir die spätere geringelte Haut als eine Neubildung betrachten, die unter der glatten Embryonalhaut entstanden ist; indessen hat es mir nicht gelingen wollen, durch unmittelbare Beobachtung der Häutung die Richtigkeit dieser Annahme direct zu beweisen.

Die Innenfläche der geringelten Cuticula ist von einer ziemlich dicken Schicht fein granulirter Substanz bedeckt, die eine deutliche, aber oftmals unterbrochene Längsstreifung zeigt*) und auch zahlreiche grössere Körperchen (Kerne?) in sich einschliesst. Ich stehe nicht an, diese Schicht für muskulös zu halten und die Längsstreifung auf eine Faserung zu beziehen, muss aber hinzufügen, dass es mir nicht gelungen ist, die einzelnen Elemente derselben scharf und deutlich von einander zu unterscheiden.

Von der längsgestreiften Hautmuskelmasse wohl zu unterscheiden sind ein Paar Bänder oder Schläuche, die an den Seitentheilen des Körpers geraden Wegs von vorn nach hinten herablaufen. Den früheren Beobachtern sind diese Bildungen (bis auf Bristowe und Rainey, die darin die Muskeln zu erkennen glaubten) unbekannt geblieben, und in der That gehören sie auch zu denjenigen Organen unserer Würmer, die sich am allerschwierigsten erkennen lassen.

Es sind (Tab. I, Fig. 12) zwei helle Bänder mit blassen, aber doch ziemlich scharfen Contouren, die dicht auf der äussern Bedeckung aufliegen und die Muskelschicht in ganzer Länge unterbrechen. Man überzeugt sich von dem Verhalten dieser Seitenbänder am besten auf Querschnitten, die freilich nur schwer anzufertigen sind (Tab. I, Fig. 15), als optische Bilder aber bei den spiralig zusammengerollten Muskeltrichinen in geeigneter Lage oftmals in Sicht kommen (Fig. 16). An derartigen Präparaten sieht man (besonders bei den Muskeltrichinen) die Seitenbänder in Form ansehnlicher Längswülste weit über die Dicke der Muskellage in die Leibeshöhle hinein vorspringen. Ihre Breite bleibt durch die ganze Körperlänge so ziemlich dieselbe. Sie ist sehr ansehnlich, 0,016 Mm. bei den Geschlechtsthieren (ein Drittheil des Durchmessers), 0,012 (fast die Hälfte des Durchmessers) bei den Muskeltrichinen. Die Höhe beträgt bei den letzteren 0,008 Mm., bei ersteren — wohl die Folge der mächtigen Entwicklung der Genitalien — weniger.

Die Aufschlüsse, die wir in neuerer Zeit besonders durch Schneider's schöne Beobachtungen**) über die Morphologie der Nematoden bekommen haben, lassen über die Natur dieser Seitenbänder keinen Zweifel. Es sind Gebilde, die ganz allgemein bei den Spulwürmern vorkommen und einen Canal in sich einschliessen, der an der Bauchfläche des vorderen Körperendes dicht unterhalb des Nervenringes nach aussen ausmündet. Der Canal, der aller Wahrscheinlichkeit nach einen Excretionsapparat, eine Art Niere, darstellt, ist im Verhältniss zu der Breite des Seitenbandes nur enge und bei den kleineren Arten oft schwer zu erkennen. In Betreff des sonstigen Baues finden sich manche Verschiedenheiten. Bald sind es blosse Anhäufungen von Körnermasse, die das Seitenband bilden, bald lassen sich deutliche, mehr oder minder grosse Zellen darin nachweisen.

---

*) Luschka verlegt diese Längsstreifung irrthümlicherweise in die äussere Haut.
**) Archiv für Anat. und Physiol. 1858. S. 426, 1860. S. 224.

Das letztere ist nun auch bei unseren Trichinen der Fall. Die Seitenbänder derselben enthalten dicht gedrängte blasse Kernzellen von ansehnlicher Grösse, die eine Länge von 0,014 und eine Breite von 0,007 Mm. besitzen. Der stark contourirte Kern misst 0,004 Mm. In der Regel sind diese Zellen regelmässig alternirend (Fig. 9) in zwei Längsreihen angeordnet, zwischen denen ein äussert schmaler heller Raum bleibt. Ich trage kein Bedenken, diesen Raum als das Lumen eines engen Gefässes, des oben erwähnten Excretionsgefässes, anzusehen. Spricht sich schon hierin eine Uebereinstimmung mit dem gewöhnlichen Verhalten aus, so wird dieselbe dadurch noch vervollständigt, dass ich mich auch von der Anwesenheit einer — schon früher von mir vermutheten — Ausmündung des Gefässapparates überzeugt habe. Freilich ist diese Mündung nur wenig auffallend und nur unter günstigen Verhältnissen nachzuweisen. Sie liegt (Tab. I, Fig. 13), wie gewöhnlich, in der Medianlinie des Bauches, nicht allzu weit von dem Kopfende entfernt, unterhalb des Nervensystems, das, wie schon in der ersten Auflage dieser Untersuchungen beschrieben, den Trichinen eben so wenig fehlt, wie den übrigen Spulwürmern. Man kann das vordere Ende des Seitenbandes bis in die Nähe der Ausmündungsstelle, bis etwa an das vordere Dritttheil des Munddarmes verfolgen, wo es dann, plötzlich sich beträchtlich verschmälernd, nach dem Bauche zu abbiegt, um vereinigt mit dem der andern Seite, durch den Porus excretorius auszumünden.

Ausser den Seitenlinien besitzen die Nematoden übrigens sehr allgemein auch noch ein System von sog. Medianlinien, die im Allgemeinen freilich viel schwächer entwickelt sind und sich als dünne Streifen körniger Substanz in der Mittellinie des Rückens und Bauches in die Continuität der Muskellage einschieben. Auch unsere Trichinen sind (Tab. I, Fig. 15, 16) mit solchen Medianlinien versehen, wie man namentlich an den optischen Durchschnitten der eingekapselten Jugendformen mit aller Bestimmtheit unterscheidet. Freilich sind dieselben nur schmal und von unbedeutender Entwicklung.

Durch die hier erwähnten vier Längslinien wird der Muskelschlauch unserer Thiere in vier Streifen zerfällt, die — nach der Analogie mit anderen kleinen Nematoden — wahrscheinlicher Weise je von zweien Reihen grosser rautenförmiger Muskelzellen gebildet sind. Eine deutliche Unterscheidung und Begrenzung dieser Zellen hat mir freilich nicht gelingen wollen. Ebenso wenig kann ich mich von der Anwesenheit eines continuirlich auf der Innenfläche der Muskelwand hinziehenden Zellenbelags (wie ihn Pagenstecher beschrieben hat) überzeugen. Nur im Schwanz- und Kopfende sieht man, wie bei anderen Nematoden, so auch bei unseren Trichinen, solche Zellen angehäuft.

Die bisher betrachteten Gebilde setzen die Leibeswand zusammen, die eine mit Darm und Geschlechtsorganen ausgefüllte Höhle in sich einschliesst. In der Regel ist die Ausfüllung (Fig. 15, 16) eine so vollständige, dass die äusseren Begrenzungen der genannten Eingeweide mit der Innenfläche der Leibeswand in unmittelbarer Berührung sind. Nur am Kopf- und Schwanzende bleibt zwischen beiden ein grösserer Zwischenraum, und dieser enthält eine helle, aber ziemlich stark lichtbrechende Flüssigkeit, die wir trotz der Abwesenheit geformter Elemente als Blutflüssigkeit in Anspruch nehmen dürfen. In manchen Exemplaren sieht man eine dünne Schicht dieser Flüssigkeit auch unter den Seitenwänden des Körpers hinziehen.

Darm und Geschlechtsorgane sind übrigens völlig frei in der Leibeshöhle gelegen und nur an ihren Endpunkten mit der Körperwand in Zusammenhang. Daher kommt es denn auch, dass diese Gebilde bei jeder Verletzung bruchsackartig nach aussen hervordrängen und sich mitunter so vollständig und so wohl erhalten vor den Augen des Beobachters ausbreiten, wie es die glücklichste Präparation kaum vermocht hätte.

Dass Mund und After — letzterer freilich nicht ganz genau — mit den Enden des Körpers zusammenfallen, ist bereits mehrfach hervorgehoben. Ebenso die schlanke Form des allmählich immer mehr und mehr sich verdünnenden Vorderleibsendes. Nur das Eine bleibt noch zu erwähnen, dass die nächste Umgebung der Mundöffnung mitunter (Fig. 13) als ein gewölbtes kleines Zäpfchen nach aussen vorspringt, ganz wie das oben auch von den Embryonen beschrieben ist *).

Die Darmbildung hat eine auffallende Aehnlichkeit mit Trichocephalus (und Trichosoma), wie gleichfalls schon oben angeführt wurde, eine Aehnlichkeit, die bekanntlich auch in der Geschichte unsers Wurmes eine Rolle gespielt hat.

Das Charakteristische dieser Bildung besteht ebensowohl in der Länge und der capillären Enge des Oesophagealrohres, wie in der Anwesenheit des oben schon! mehrfach erwähnten sog. Zellenkörpers, der in beträchtlicher Ausdehnung neben diesem Oesophagealrohre hinzieht und morphologisch wohl nur als ein eigenthümlich entwickelter Theil der Oesophaguswand betrachtet werden darf.

Wie schon oben ausführlich dargestellt, besteht dieser merkwürdige Körper aus einer einfachen Reihe colossaler Zellen, die einen ansehnlichen hellen Kern **) mit meist deutlichem Kernkörperchen und einen körnigen Inhalt in sich einschliessen. So ist es bei den Muskeltrichinen (Fig. 12), so auch bei den Darmtrichinen (Fig. 1, 5), nur dass bei letzteren die Zellen noch grösser und meist auch länger erscheinen, als das früher der Fall war. Der körnige Inhalt ist bald heller, bald dunkler und scheidet bei längerer Einwirkung vom Wasser leicht sog. Sarcodetropfen aus. Das letzte Ende des Zellenkörpers bildet bei vielen Exemplaren jederseits (Fig. 14) neben dem Anfangstheile des Chylusmagens einen zipfelförmigen Fortsatz, der von manchen Beobachtern (Luschka, Küchenmeister, Pagenstecher) als ein blindsackartiger Anhang des Magengrundes betrachtet wird ***).

Trotz mehrfach wiederholter Untersuchung habe ich mich übrigens niemals davon überzeugen können, dass diese Zipfel hohl sind und mit dem Magengrunde communiciren. Wo ich dieselben fand — was, wie ich nochmals wiederhole, nicht überall der Fall war — da erkannte ich darin nichts Anderes, als eine einfache Zelle, die von den vorhergehenden Elementen des Zellenkörpers in Nichts, als höchstens durch die Beschaffenheit und Menge der eingeschlossenen Körnchen unterschieden war (Fig. 14).

Ueber die physiologische Bedeutung des Zellenkörpers weiss ich nichts Bestimmtes beizubringen. Meissner hält†) bei Mermis eine ganz ähnliche Einrichtung für einen Ver-

---

*) Bei abgestorbenen Darmtrichinen sieht man dieses kuppenförmig entwickelte Mundende nicht selten nach innen eingestülpt, was leicht mancherlei Missdeutungen veranlasst.

**) Schon Luschka und Küchenmeister kannten diese Kerne, jedoch glaubt letzterer die Existenz derselben auf eine optische Erscheinung zurückführen zu können.

***) Ebenso sehe ich es bei Trichocephalus, bei dem Eberth (Zeitschrift für wissensch. Zoologie Bd. X. S. 247) die Endzipfel gleichfalls als ein Paar Magenanhänge in Anspruch nimmt. Ich muss auch gegen Eberth behaupten, dass der Zellenkörper von Trichocephalus, ganz wie der von Trichina (und Trichosoma), aus deutlich gesonderten Zellen besteht, die nur insofern abweichen, als sie sehr viel grösser, besonders länger sind, sich mehrfach ausbuchten und durch helle Stränge an der Innenwand des Hautmuskelschlauches festsetzen.

†) Zeitschrift für wissenschaftl. Zool. Bd. V. S. 236.

dauuungsapparat, der die Nahrungsstoffe aus dem anliegenden Oesophagus aufnehme; allein Trichina und Trichocephalus haben ausser dem Zellenkörper noch den gewöhnlichen Magen der Spulwürmer, der (nach Meissner) bei Mermis fehlen soll. Freilich ist dieser Magen, wie wir sehen werden, vergleichsweise sehr kurz (wenigstens bei den Jugendformen und Männchen), allein das dürfte die Annahme eines zweiten, so eigenthümlichen Nahrungsapparates doch kaum rechtfertigen. Viel eher steht zu vermuthen, dass dieser Zellenschlauch dazu bestimmt sei, flüssige, durch die Haut resorbirte Nahrungsstoffe dem Oesophagealrohre zur Fortleitung in den Magen zuzuführen, allein einstweilen fehlt auch für diese Vermuthung ein bestimmter Nachweis. Nur so viel dürfte sicher sein, dass die Trichinen, wie die Trichotracheliden überhaupt, mehr durch die Körperoberfläche als durch den Mund an Nahrung aufnehmen.

Bei den ausgebildeten Muskeltrichinen (Fig. 12) durchsetzt dieser Zellenkörper mehr als die Hälfte des gesammten Leibes. Nur das hintere Körperdritttheil und der dem Munde zunächst folgende Abschnitt bleiben davon frei. Aehnlich verhält es sich bei den ausgebildeten Männchen und den Weibchen vor Uebertritt der Eier in den Fruchthälter (Fig. 1), während später, wenn letzterer wächst und den Mittelkörper ausdehnt (Fig. 2), die relative Grösse desselben zurücktritt.

Uebrigens findet man auch auf derselben Entwicklungsstufe bei den einzelnen Individuen mancherlei Differenzen in der Grösse des Zellenkörpers, indem sich derselbe bald mehr, bald weniger weit nach vorn oder hinten oder auch nach beiden Richtungen verlängert zeigt. Aber in allen Fällen bleibt zwischen dem vordern Ende des Zellenkörpers und der Mundöffnung eine Strecke, die von dem vordern Abschnitte des Darmkanals, dem Munddarm, wie ich denselben gelegentlich nannte, durchsetzt wird.

Dieser Munddarm erscheint (Fig. 13) als ein cylindrischer Strang von wenig beträchtlicher Dicke, so dass zwischen ihm und der umgebenden Leibeswand, wie auch oben erwähnt ist, ein deutlicher Abstand bleibt. In der Achse verläuft ein enges Chitinrohr*), das vorn durch die Mundöffnung ausmündet und nach hinten, wenn auch etwas weniger scharf contourirt, neben dem Zellenkörper hinlaufend bis zum Magengrunde sich verfolgen lässt.

In der Nähe der Kopfspitze haben die Wandungen dieses Munddarmes eine nur unbedeutende Dicke. Nach hinten aber wächst dieselbe in nicht unbeträchtlichem Grade, so dass der Munddarm im Ganzen die Form eines schlanken Kegels besitzt.

Ueber die histologische Beschaffenheit der Wandung ist nur wenig zu sagen. Die Substanz, welche dieselbe bildet, erscheint bei frischen Thieren hell und ohne besondere Structur. Nur in dem verdickten hintern Ende erkennt man mitunter die Andeutung einer leichten radiären Zeichnung, die der Annahme Raum giebt, dass es sich hier um eine Muskeleinrichtung handele, wie sie auch bei den übrigen Spulwürmern an dem Munddarme vorkommt (Fig. 13).

Die hintere Hälfte dieses Munddarmes sieht man nicht selten zusammengekrümmt, bald schwächer, bald stärker, je nach dem Contractionszustande des vordern Körperendes.

---

*) Bei Mermis soll statt eines geschlossenen Chitinrohres nach Meissner (a. a. O.) bloss eine Chitinrinne vorhanden sein, doch habe ich mich an Spiritus-Exemplaren mit Bestimmtheit davon überzeugt, dass diese Angabe irrig ist.

Bisweilen glaubte ich sogar besondere Muskelstränge unterscheiden zu können, die sich hier ansetzen, während ich in andern Fällen vergebens darnach suchte. Die genaue anatomische Analyse des Kopfendes ist überhaupt keine leichte Aufgabe, zumal hier ausser dem schon oben erwähnten Excretionsapparate noch ein anderes Organ in Betracht kommt, das ungefähr auf der Grenze der zwei vordern Dritttheile den Munddarm ringförmig umfasst und schon in der ersten Auflage meiner Untersuchungen als das centrale Nervensystem unserer Trichinen in Anspruch genommen wurde. Ich habe dieses, inzwischen auch von Pagenstecher beobachtete Organ seither vielfach untersucht und bin in der damaligen Ansicht nur noch bestärkt worden. Es ist ein helles Querband, das deutliche Zellen in sich einschliesst und nach Art des Schlundringes bei den übrigen Nematoden in der Mittellinie sowohl des Rückens und Bauches, wie auch der Seitenflächen mit den äussern Körperbedeckungen fest zusammenhängt, resp. an diesen Stellen — was man freilich bei unserer Trichina nicht beobachten kann — Nervenfasern an die Leibeswand übertreten lässt.

Wie sich der hintere Theil des Oesophagus zu dem Zellenkörper verhält, ist schwer zu entscheiden. Nur so viel ist gewiss, dass beide fest mit einander zusammenhängen, und dass die Chitinröhre nicht in der Achse des Zellenkörpers, sondern excentrisch an dem concaven Rande desselben hinläuft. Die äussere Begrenzung des Munddarmes geht continuirlich in die dünne Wand des Zellenkörpers über, so dass es den Anschein gewinnt, als wenn nur insofern eine Verschiedenheit zwischen diesen beiden Abschnitten bestände, als die Chitinröhre das eine Mal von einer mehr muskulösen Substanz umgeben wird (Munddarm), während sich das andere Mal eine excentrisch gelegene Reihe grosser Zellen mit feinkörnigem Inhalt neben ihr entwickelt hat. Damit stimmt auch die Beobachtung, dass das vordere Ende des Zellenkörpers oftmals nur wenig gegen den vorhergehenden Theil des Munddarmes abgesetzt ist.

Der Chylusmagen, der bei den Weibchen mit gefülltem und ausgewachsenem Fruchthälter (Fig. 2) mehr als die Hälfte des Körpers misst, sonst aber nur eine verhältnissmässig unbedeutende Länge hat, beginnt in allen Fällen (Fig. 14) mit einer flaschenförmigen, ziemlich dickwandigen Erweiterung, in die man das Lumen der chitinigen Oesophagealröhre deutlich einmünden sieht. Nach kurzer Zeit verdünnt sich das Magenrohr beträchtlich, besonders bei den Weibchen, bei denen der Fruchthälter oder das Ovarium fast den ganzen Querschnitt der hintern Leibeshöhle einnimmt (Fig. 15).

Den feinen Bau dieses Magenrohres betreffend, so erkennt man an demselben eine äussere structurlose Membran und auf dieser eine ziemlich dicke, hell und scharf begrenzte Substanzlage, die sich besonders deutlich im Magengrunde (Fig. 14) als eine einfache Schicht von abgeplatteten Zellen zu erkennen giebt, wie das schon von Luschka ganz richtig dargestellt ist. An anderen Stellen sind diese Zellen freilich sehr wenig scharf begrenzt, so dass man fast eine einfache glasige Substanzschicht vor Augen zu haben glaubt, in der sich höchstens einzelne gelblich glänzende Fettkörner unterscheiden lassen.

Das allerletzte Ende des Darmkanals ist wiederum mit dicken, anscheinend muskulösen Wandungen versehen, wie der Munddarm, und im Innern mit einem zarten Chitinrohre ausgekleidet. Es bildet also einen besonderen Darmabschnitt, den wir mit Recht als Mastdarm bezeichnen dürfen. Bei den Muskeltrichinen und Weibchen hat derselbe eine nur unbedeutende Grösse, während er bei den Männchen zu einer ansehnlichen Entwicklung gelangt und nach der Verbindung mit dem Samenleiter zu einem Begattungsapparate wird, dessen Form und Function wir oben (S. 27) ausführlich beschrieben haben (Fig. 6 u. 8).

Die Organisation der übrigen Geschlechtsorgane ist oben so vollständig dargestellt worden, dass ich nur noch wenige Worte über den feinern Bau derselben hinzuzufügen habe. Die Grundlage des gesammten männlichen wie weiblichen Geschlechtsapparates besteht aus einer dünnen und homogenen, aber ziemlich scharfen Glashaut, ähnlich der am Magen und Oesophagus erkennbaren äussern Membran. An den Geschlechtsdrüsen gelingt es auf keine Weise noch eine weitere Zusammensetzung nachzuweisen; Samenelemente und Eier stehen hier mit der Glashaut in directer Berührung. Anders aber in den Ausführungs-gängen, in denen man nicht bloss auf der Innenfläche eine ziemlich deutliche Zellenlage wahrnimmt, sondern auch äusserlich eine Anzahl höckerförmiger kleiner Vorsprünge unter-scheidet, die offenbar von einzelnen muskulösen Ringfasern herrühren. Die weibliche Ge-schlechtsöffnung lässt ausserdem noch eine deutliche, nach innen röhrenförmig verlängerte Chitinauskleidung wahrnehmen.

Zum Schlusse füge ich noch die Bemerkung hinzu, dass sich die Epithelzellen des Chylusdarmes nach Zusatz von Sublimat mit einem grobkörnigen Niederschlage füllen, der den Darmkanal trüb und undurchsichtig macht.

Die Trichinenkrankheit des Menschen und ihre Entstehung.

Bei dem gegenwärtigen Stande der Trichinenfrage ist es unmöglich, über unsere Schmarotzer zu handeln, ohne zugleich der verderblichen Einwirkung zu gedenken, welche dieselben auf den Menschen ausüben. Es bedarf desshalb auch keiner Rechtfertigung, wenn ich meiner Arbeit, die zunächst nur der Naturgeschichte dieser gefährlichen Würmer gewidmet war, noch ein besonderes Kapitel über die Trichinenkrankheit anfüge. Natürlich kann es nicht meine Absicht sein, eine erschöpfende Darstellung dieser Krankheit und eine vollständige Aufzählung ihrer Symptome zu liefern. Diejenigen, welche hierüber Belehrung suchen, verweise ich auf das schon oben (S. 18) angezogene vortreffliche Werk von Rupprecht über die Hettstädter Epidemie, jedenfalls das beste und ausführlichste, das bis jetzt in dieser Hinsicht vorliegt*).

Für unsere Zwecke genügt eine mehr zusammenfassende Betrachtung, die, anknüpfend an die Lebensgeschichte der Trichinen, in allgemeinen Zügen ein Bild von den Vorgängen entwirft, welche in dem trichinenkranken Menschen ablaufen und je nach Umständen, besonders dem Grade der Infection und der Individualität des Kranken, in dieser oder jener Weise ihren Ausdruck finden.

Nicht bloss, dass die Heftigkeit und die Bedeutung der Trichinose auf das Mannichfachste wechselt, auch der Umfang und die Natur der einzelnen Symptome zeigt zahlreiche Verschiedenheiten, die wir bis jetzt noch keineswegs überall auf ihre Ursachen zurückzuführen im Stande waren.

Aber mag in dieser Hinsicht auch noch Manches dunkel sein, so viel ist andererseits gewiss, dass das eigentliche Wesen der Trichinose und die Natur ihrer Ursache uns weit klarer vorliegt, als solches bei den meisten übrigen (innern) Krankheiten der Fall ist. Die Trichinose gewinnt dadurch auch eine Bedeutung für gewisse allgemeine Fragen der Pathologie, und eine Tragweite, die augenblicklich noch nicht vollständig übersehen werden kann. Die alte Annahme eines Contagium vivum hat durch ihre Entdeckung neue Nahrung erhalten. Schon heute zählt diese Lehre zahlreiche Anhänger — und das zum Theil sogar unter den Stimmführern der Wissenschaft. Wer weiss, wie bald dieselbe in neuer, verfeinerter Form zu einer allgemeinern Geltung gelangt. Aber wenn solches auch vielleicht nicht geschehen sollte, so steht doch so viel ausser Zweifel, dass die Entdeckung der Trichinenkrankheit nicht bloss die Masse unserer Erfahrungen und positiven Kenntnisse um eine

*) Bei der nachfolgenden Schilderung der Trichinose hat desshalb denn auch dieses Werk von Rupprecht vorzugsweise Berücksichtigung gefunden. Vergl. ausserdem auch Vogel a. a. O. S. 26 ff.

wichtige Thatsache bereichert hat, sondern auch der pathologischen Forschung und dem wissenschaftlichen Verständnisse der Krankheitsprocesse eine neue Bahn eröffnete.

Die Trichinenkrankheit, so wissen wir, entsteht durch den Parasitismus kleiner Würmer, die im Innern ihres Wirthes geschlechtsreif werden und eine Nachkommenschaft erzeugen, welche alsbald nach der Geburt den Darm verlässt und in die Muskelmasse einwandert. Die Zahl der Jungen ist sehr beträchtlich (mindestens 12 — 1500 für jedes Weibchen), und die Menge der importirten Würmer zählt gewöhnlich nach vielen Tausenden. Ein einziger Bissen Fleisch kann unter Umständen mehrere Hunderttausend dieser kleinen Geschöpfe in unsern Darm übertragen *). Sieben bis acht Tage nach der Infection beginnt die Auswanderung der Embryonen. Sie beginnt damit, dass die Darmwand durchbohrt wird. Aus dem Darme gelangen die jungen Wanderer in die Leibeshöhle und mit Benutzung der Bindegewebswege weiter in die Muskeln, deren Fasern sie einzeln anbohren und zerstören. Im Innern der Muskelfasern entwickeln sich die Würmer binnen etwa vierzehn Tagen zu sog. Muskeltrichinen, die dann nach einiger Zeit unter dem persistirenden Sarcolemmaschlauche zur Einkapselung kommen. Die zerstörten Fasern werden durch Neubildung ersetzt. Zwölf bis vierzehn Tage nach Beginn der Krankheit ist die Einwanderung der Embryonen und die Zerstörung des Muskelgewebes am massenhaftesten. Später tritt durch Reduction der Fruchtbarkeit und Zahl der Muttertrichinen ein Nachlass ein, der immer grösser wird, bis die Einwanderung schliesslich (4 — 5 Wochen nach der Infection) mit dem Untergange der letzten Muttertrichinen aufhört.

Was wir hier kurz recapitulirend über die Lebensgeschichte der Trichinen mitgetheilt haben, enthält alle diejenigen Momente, die bei der Beurtheilung der Trichinose zunächst und vorzugsweise in's Gewicht fallen. Es giebt uns von vorn herein auch schon ein Bild von dem Entwicklungsgange der Krankheit. Wir werden daraus entnehmen können, dass die Erscheinungen derselben in der ersten Woche, bis zu Beginn der Embryonalwanderung, auf den Darmkanal und namentlich dessen Innenfläche beschränkt sind, wesentlich also unter der Form eines Darmkatarrhs verlaufen, dann aber plötzlich durch Auftreten neuer mehr oder weniger bedrohlicher Symptome in den peripherischen Organen, besonders dem Muskelsysteme, sich compliciren. Die Muskelfasern werden von den Embryonen angebohrt, entzündet, zerstört. Schmerz, Lähmung, Wundfieber sind unausbleiblich, sobald die Affection einen nur einigermaassen bedeutenden Umfang erreicht hat. Dazu gesellen sich noch mancherlei Störungen der Circulation in den zumeist afficirten Theilen, die entweder direct durch die Wanderungen der Embryonen oder auch durch die Veränderungen der Muskelsubstanz (Druck auf die Capillaren u. s. w.) herbeigeführt werden.

Doch die Krankheit wird sich nicht ausschliesslich in den hier gezeichneten Bahnen bewegen. Die massenhafte Zerstörung des Muskelgewebes ist nicht bloss eine anatomische, sondern auch eine chemische. Der Muskel und das Blut werden mit Zersetzungsprodukten überladen **), die dessen normale Functionen mehr oder minder beeinträchtigen. Daher denn

---

*) Nach den Berechnungen Vogel's (a. a. O. S. 31) nehmen ungefähr 12000 Muskeltrichinen den Raum eines Nadelkopfes ein. Vogel schätzte dabei die Länge der Würmer auf 0,5 Mm. (Dicke == 0,015 Mm.). Da dieselbe aber nahezu das Doppelte beträgt, so dürfte die gefundene Zahl auf etwa die Hälfte zu reduciren sein.

**) Schon von Colberg ist hervorgehoben, dass das Muskelgewebe frisch trichinisirter Thiere eine alkalische Reaction zeige (a. a. O. N. 19). Ich kann diese Thatsache aus eigner — schon vor Colberg gemachter — Erfahrung bestätigen und hinzufügen, dass Herr Dr. Neubauer in dem zum Zweck einer chemischen Untersuchung ihm

11 *

auch wahrscheinlicher Weise die schon so oftmals hervorgehobene Aehnlichkeit der Trichinose mit gewissen typhoiden Zuständen. Wo die Function der gelähmten Muskelgruppen für das Zustandekommen gewisser anderer Vorgänge, besonders das Kau-, Schling- und Respirationsgeschäft, wichtig ist, da werden auch weitere secundäre Erscheinungen nicht ausbleiben und je nach Umständen neue, mehr oder minder gefährliche Zustände zur Folge haben. Selbst Nachkrankheiten der manchfachsten Art werden den geschwächten Körper gelegentlich befallen und dem Untergange entgegenführen.

Da die krankhaften Veränderungen der Muskelsubstanz erst einige Zeit nach der Einwanderung der letzten Embryonen aufhören, so dürfen wir die Dauer der Trichinose — von etwaigen Complicationen und Nachkrankheiten natürlich abgesehen — von vorn herein auf ungefähr 6—7 Wochen veranschlagen. Ebenso steht zu vermuthen, dass die Krankheit nach einem etwa vierwöchentlichen Bestande ihren Höhepunkt erreicht. Ist diese Zeit doch gerade diejenige, in der die bei Weitem grösseste Menge der Muskeltrichinen in der Entwicklung begriffen ist, also auch die grösseste Menge der Muskelfasern gleichzeitig leidet. Von da beginnt die Krankheit mit der Zahl der Darmtrichinen und der wandernden Embryonen allmählich abzunehmen, obwohl es natürlich auch nach völligem Aufhören der Wanderungen immer noch einige Zeit dauern wird, bevor der frühere Gesundheitszustand wiederkehrt. Erst von der Einkapselung der letzten Trichinen und dem Ersatze der letzten Fasern kann man die Genesung der Kranken datiren. Trotz der Anwesenheit von vielleicht so und so viel Millionen lebendiger Muskelwürmer — man hat die Zahl derselben in einzelnen Fällen auf einige 30 Millionen geschätzt — wird der Kranke unter sonst günstigen Umständen im Laufe der Zeit voraussichtlicher Weise auch wieder zum Vollbesitze der früheren Gesundheit gelangen. Die Trichinenkrankheit hängt ja zunächst, wie wir wissen, nur von der reizenden und zerstörenden Einwirkung ab, die die wandernden und zur Entwicklung kommenden Würmer auf ihren Träger ausüben — ist die Entwicklung vollendet und die Wanderung durch die umgebende Cyste unmöglich geworden, dann ist jeder weitere Grund einer Gesundheitsstörung hinweggefallen. Die Einkapselung der Trichinen ist gewissermaassen dem Vernarbungsprocesse einer Wunde zu vergleichen, mit dem die Gesundheitsstörung, welche durch die Verwundung selbst entstand, gleichfalls zum Abschluss kommt.

Wenn wir bedenken, dass eine jede Trichine in wesentlich gleicher Weise auf den Organismus ihres Trägers einwirkt, dass die Trichinose also nur die Resultante einer Unzahl Einzelwirkungen ist, dann werden wir auch leicht zu der Ueberzeugung kommen, dass die Intensität derselben je nach der Menge der eingeführten Würmer auf das Manchfaltigste wechselt. Bei schwacher Infection wird eine vielleicht nur wenig merkliche Störung entstehen, die der Kranke unter Umständen nicht einmal der Beachtung für werth hält — während dagegen bei Ansteckung mit grösseren Massen von Trichinen eine Reihe der furchtbarsten Erscheinungen folgt, die Gesundheit und Leben ernstlich in Frage stellen und in zahlreichen Fällen auch wirklich zum Tode führen.

Die Menge der inportirten lebensfähigen Trichinen ist übrigens, wenngleich vor allem

übersendeten Fleische eines 14 Tage vorher trichinisirten Kaninchens ungewöhnlich grosse Massen von Kreatin ($0,272°/o$) nachweisen konnte, während das Sarcin ($0,0265°/o$) nicht bedeutend vermehrt schien. Eine genaue und methodische chemische Untersuchung würde uns sonder Zweifel mit noch zahlreichen anderen für die Beurtheilung der Trichinose höchst wichtigen Veränderungen bekannt machen.

Anderen maassgebend für die Intensität der nachfolgenden Erkrankung, doch nicht das einzige Moment, das hier in Betracht kommt. Auch bei gleich starker Infection stellen sich mitunter auffallende Unterschiede heraus, die zum grossen Theile gewissen individuellen Verschiedenheiten ihren Ursprung verdanken mögen. Der Eine ist, wie man zu sagen pflegt, reizbarer, als der Andere, er reagirt auf dieselbe Schädlichkeit in einer intensiveren Weise, oder er ist weniger empfänglich für das Contagium, d. h. in unserem Falle, er bietet für die Entwicklung, Fortpflanzung und Wanderung der Parasiten einen weniger günstigen Boden. Wie weit diese individuellen Unterschiede gehen können, davon haben wir oben bei Aufzählung der an Schweinen, Hunden u. a. Säugethieren angestellten Fütterungsversuche (S. 69) genügende Belege beigebracht. Der Mensch wird in dieser Beziehung keine Ausnahmestellung einnehmen. Selbst wenn wir bei dem Mangel authentischer Nachweise auf die hier und da verbreiteten Gerüchte von Individuen, die ungefährdet grössere Mengen trichinigen Fleisches genossen hätten, einstweilen noch kein besonderes Gewicht legen, so ist doch durch die Epidemieen von Hettstädt und Hedersleben zur Genüge constatirt, dass die Intensität der Erkrankung nicht immer der Menge des genossenen Trichinenfleisches parallel geht. Ebenso wissen wir, dass Kinder unter 14 Jahren viel weniger von der Trichinose zu leiden haben, als Erwachsene, wie denn auch weiter zur Genüge bekannt ist, dass die Trichinenkrankheit der Thiere symptomatisch sich in vieler Beziehung von der des Menschen unterscheidet.

Vielleicht übrigens, dass manche dieser Unterschiede dadurch bedingt sind, dass der Hauptzug der wandernden Embryonen nicht genau dieselbe Richtung einschlägt. Bald sind mehr diese, bald jene Muskelgruppen afficirt, bald mehr die Muskeln der Extremitäten, bald mehr die des Brustkorbes oder die Kaumuskeln. Der Symptomenwechsel, der hierdurch herbeigeführt wird, trifft natürlich zunächst nur die sog. secundären Erscheinungen der Trichinose, allein, wenn auch genetisch immerhin secundär, sind diese Erscheinungen doch oftmals für den Verlauf und die Prognose der Krankheit von einer hervorragenden Bedeutung.

Was wir bisher über die Trichinose beibrachten, beruhte mehr auf gewissen Schlussfolgerungen und Abstractionen, als auf unmittelbarer Beobachtung. Es war zunächst nur dazu bestimmt, uns an der Hand unserer Kenntnisse von der Lebensgeschichte der Trichinen über die eigentliche Natur der Trichinose zu orientiren. Nachdem das in einer für unsere Zwecke, wie ich hoffe, genügenden Weise geschehen ist, dürfte es passend sein, auch die äussere Erscheinung der Krankheit etwas specieller in's Auge zu fassen.

Nach dem Vorgange Vogel's und Rupprecht's unterscheidet man im Verlaufe der Trichinose am besten drei Stadien, von denen das erste (das der Ingression Rupp., der Einwanderung in Magen und Darm) bis zu dem Beginne der Embryonalwanderung reicht, also ungefähr 8 Tage dauert, während das zweite (das Stadium der Digression) die Zeit der Einwanderung in die Muskeln umfasst und nach etwa 3 bis 4 Wochen in das Stadium der Regression oder Rückbildung übergeht. Das zweite Stadium ist begreiflicher Weise das wichtigste und in leichteren Fällen mitunter das einzige, das sich überhaupt bemerklich macht.

Der Tod tritt bei dem Menschen wohl kaum jemals vor Beginn dieses Stadiums ein, am frühesten gegen Ende der zweiten Woche, gewöhnlich aber erst in der vierten, wenn die Krankheit ihren Höhepunkt erreicht hat. Zufällige Complicationen (Lungenentzündung) und Nachkrankheiten (dauernde Ernährungsstörungen, Wassersucht, Leberleiden) können auch noch in späterer Zeit den Tod herbeiführen.

Wo die Infection nicht sehr beträchtlich war, voraussichtlicher Weise also auch die Krankheit keinen besonders gefährlichen Charakter annehmen wird, da bestehen die Symptome des ersten Stadiums meist nur aus unbedeutenden Indigestionserscheinungen. Die Kranken verlieren die Esslust, klagen über Kopfschmerz und Abgeschlagenheit, bekommen nach einigen Tagen leichte Fieberregungen und nicht selten Durchfall, der mit den begleitenden Symptomen dann gewöhnlich auch noch eine Zeitlang in das zweite Stadium hinüber genommen wird.

Bei starker Infection steigern sich die Darmerscheinungen schon am zweiten Tage gewöhnlich zu heftigen oft wiederholten Diarrhoeen, die mit mehr oder minder intensivem Fieber und Leibschmerz bis gegen Mitte des zweiten Stadiums andauern und Anfangs bisweilen die Form eines förmlichen Brechdurchfalles darbieten. Die Kranken sehen sich in der Regel noch vor Ablauf der ersten Woche genöthigt, das Bett zu suchen.

Das zweite Stadium beginnt mit einer mehr oder minder auffallenden Schwellung des Gesichtes, die sich zunächst in der Stirn- und Augengegend bemerkbar macht und nicht selten in Form einer mehr katarrhalischen Affection auch auf die Bindehaut des Auges übergeht. Dabei meistens weite Pupille, Lichtempfindlichkeit, Verminderung des Accommodationsvermögens, Schmerz bei Bewegung der Augen u. s. w., Symptome, die sammt und sonders darauf hindeuten, dass die Embryonen ihre Wanderung bereits begonnen haben und schon bis in die Augenmuskeln vorgedrungen sind. Wo die Zahl der wandernden Embryonen nur gering ist, in den leichteren Fällen also, da tritt das Oedem des obern Gesichtes mit den Augenerscheinungen oft erst nach zwei Wochen oder noch später ein. Auch beschränkt es sich unter solchen Umständen nicht selten ausschliesslich auf die Augenlider. Dazu gesellt sich dann ein Gefühl der Mattigkeit und Schwerbeweglichkeit der Gliedmaassen, das kaum jemals fehlen dürfte und mit mehr oder weniger starken Schweissen, verminderter Harnabsonderung, unterbrochenem Schlaf und Fieber neben den vielleicht fortdauernden Diarrhoeen in derartigen Fällen gewöhnlich das Bild der Trichinose vollendet. Zwei bis drei Wochen später ist der Kranke bis auf die vielleicht noch längere Zeit andauernde Mattigkeit vollständig genesen.

Aber anders und ungleich bösartiger ist der Verlauf dieses zweiten Stadiums in den schwereren Fällen. Das Fieber, das gewöhnlich schon früher vorhanden war, nimmt bald nach dem Auftreten des Gesichtsödems meist plötzlich um ein Beträchtliches zu. Der Puls hebt sich auf 100 und 120 Schläge, das Athmen wird stark beschleunigt, und die bis dahin trockene Haut bedeckt sich mit reichlichem saurem Schweisse. Die Geschwulst (das sog. collaterale Oedem) breitet sich aus. Nacken, Rücken, Arme und Beine schwellen an und beginnen zu schmerzen. Die Bewegung wird immer schwerer, so dass die Kranken bald starr „wie ein Klotz" auf ihrem Lager liegen. Schwerhörigkeit, Heiserkeit, Unfähigkeit zu schlucken, selbst förmliche Mundklemme weisen darauf hin, dass die Muskeln des Halses und Kopfes massenhaft von den wandernden Embryonen in Besitz genommen sind. Der Leib ist bei fortdauernder Diarrhoe empfindlich und aufgetrieben, der Urin spärlich, trüb und reich an Harnsäure. Da die Kranken so gut wie Nichts geniessen, ohne Schlaf, im Schweiss und Fieber ihre Nächte verbringen, ein Raub zügelloser Ideenassociation, so ist es begreiflich, dass Entkräftung und Abmagerung die raschesten Fortschritte machen.

Rupprecht sah Individuen, die während der Trichinose um dreissig bis vierzig Pfund leichter wurden. Die nächsten zwei Wochen verstreichen gewöhnlich unter leichten Schwankungen zum Bessern oder Schlechtern. Nur das Gesichtsödem ist schon nach achttägigem Bestande meist wieder geschwunden, wie denn auch die Diarrhoeen allmählich nachlassen. Dafür aber ist in der Regel, offenbar in Folge der unvollständigen Respirationsbewegungen, eine catarrhalische Lungenaffection eingetreten, aus der sich zu Anfang der vierten Woche bisweilen eine förmliche Entzündung hervorbildet, die meist im untern Lappen der linken Lunge ihren Sitz aufschlägt, sich oftmals mit pleuritischen Erscheinungen combinirt und unter sichtlicher Zunahme der Erschöpfung gewöhnlich schon nach fünf bis sechs Tagen zum Tode führt.

Aber auch ohne diese Complication mit Lungenentzündung tritt in schwereren Fällen nicht selten der Tod ein. Unruhe, Schmerzen, Bewegungslosigkeit nehmen dann immer mehr zu, der Puls steigt auf 140, die Hitze auf fast 33⁰ R., es treten Ohnmachtanwandlungen ein, Gefühle von Eingeschlafensein der Glieder, Decubitus, Bewusstlosigkeit, Delirien. Das Fieber hat einen entschieden typhoiden Charakter angenommen. Der Puls wird schliesslich unzählbar und verschwindend, die Sprache undeutlich, die Extremitäten erkalten. Der Tod erfolgt in der Regel ruhig und sanft an Erschöpfung der Respirationsbewegungen.

Wo die Krankheit durch das dritte Stadium hindurch zur Genesung führt, da stellt sich gewöhnlich schon gegen Ende der vierten Woche eine merkliche Besserung ein. Das Erste, was dieselbe anzeigt, ist die Abnahme des Fiebers mit den begleitenden Erscheinungen (Puls- und Athemfrequenz, Hitze). Der Schweiss verliert seine Massenhaftigkeit und seinen Geruch, während der Harn dafür in grösserer Menge gelassen wird. Wenngleich noch immer reich an Harnsäure, nimmt derselbe ziemlich bald eine klare Beschaffenheit an. Der Schlaf beginnt wiederzukehren, der Appetit hebt sich, die Schmerzen lassen nach. Unter gleichzeitiger Abnahme der früheren Schwellung stellt sich allmählich auch wieder einige Beweglichkeit der Glieder ein. Dagegen aber entwickelt sich — offenbar in Folge der abnormen Blutmischung und vielleicht in Zusammenhange mit gewissen (von Cohnheim) neuerdings in Hedersleben beobachteten Veränderungen der Leber — jetzt oftmals eine förmliche Hautwassersucht, die von den Knöcheln immer mehr nach oben bis zu den Geschlechtsorganen, ja bis in die Becken- und Nabelgegend emporsteigt, und erst nach längerer Zeit wieder schwindet. Wenn der Kranke in der sechsten Woche allmählich schmerzfrei wird und in der früher kaum möglichen Seitenlage die lang entbehrte nächtliche Ruhe wiederfindet, dann steigert sich der Appetit zu einem förmlichen Heisshunger, der selbst durch oft wiederholte reichliche Mahlzeiten kaum gestillt werden kann. Die Genesung macht von jetzt an bedeutende Fortschritte. Die Körperformen beginnen sich zu runden, besonders die Muskeln, die während der Krankheit allmählich ein fast atrophisches Aussehen angenommen hatten. Die erdfahle Gesichtsfarbe weicht, und die Haut regenerirt sich unter deutlicher Abschuppung. Mit der Körperfülle kehrt nach und nach auch eine grössere Kraft wieder. Die Kranken verlassen ihr Lager und beginnen einige Tage darauf sich wieder zu beschäftigen, obwohl das Schwächegefühl noch längere Zeit anhält, und auch sonst noch mancherlei leichte Störungen (Augenlidkatarrh, Accommodationsbeschränkung, nächtliche Schweisse, Anasarca, Kurzathmigkeit, Durchfall u. s. w.) an die jetzt glücklich überstandene qualvolle Krankheit erinnern.

Bei Lungenentzündung mit glücklichem Ausgange geht die Genesung natürlich weit langsamer vor sich, so dass die volle Arbeitskraft oft erst in der zehnten Woche und später sich wieder einstellt. Das hier gezeichnete Krankheitsbild ist so charakteristisch, dass es kaum eine Verwechselung mit einem andern Leiden zulässt. Allerdings gilt diese Behauptung zunächst nur für die ausgebildete Trichinose mit den zugehörigen Muskelerscheinungen. So lange die letzteren noch fehlen, wird man höchstens aus gewissen Nebenumständen (Verbreitung, Anamnese) auf eine Infection mit Trichinen zurückschliessen können. Nichts desto weniger ist die Diagnose bisweilen auch schon in diesem ersten Stadium sicher zu stellen, freilich weniger durch die Symptomatologie, die nur auf einen gastrischen Process zurückzuschliessen erlaubt, als mittelst des Mikroskopes, das bei der Untersuchung der erbrochenen Fleischmassen die Anwesenheit von Muskeltrichinen constatirt, oder in den diarrhoischen Stuhlgängen Darmtrichinen nachweist. Gelingt es, das der Infection verdächtige Fleisch zu untersuchen, dann kann man natürlich mit aller Entschiedenheit die Frage beantworten, ob ein Fall von Trichinose vorliegt oder nicht.

Auch später giebt das Mikroskop in zweifelhaften Fällen einen gleich bestimmten Aufschluss. Man braucht dazu dem Kranken (nach dem Vorschlage Küchenmeister's) durch Schnitt oder Harpunirung nur ein kleines Muskelstückchen zu entnehmen und dieses der mikroskopischen Analyse zu unterwerfen. Mit dieser Methode hat man namentlich früher, wo das Krankheitsbild der Trichinose weniger bekannt war, mehrfach die Existenz derselben ausser Zweifel gestellt und auch gelegentlich nach Jahren noch den Beweis geliefert, dass gewisse Erkrankungen von Trichinen herrührten.

Dass die Verbreitung der Muskeltrichinen bei den Menschen eine sehr weite ist und ihre Anwesenheit keineswegs zu den Seltenheiten gehört, war schon lange vor der Entdeckung der Trichinose durch anatomische Untersuchungen festgestellt. Ausser Deutschland waren es namentlich England und Dänemark, die derartige Befunde lieferten, doch fehlte es auch nicht an Beispielen aus Frankreich, Russland und anderen Ländern. Von Massachusetts und anderen Theilen Nordamerika's war sogar bekannt, dass Trichinen dort zu Zeiten geradezu häufig seien (Weinland). Ebenso wusste man, dass in manchen Städten Deutschlands (Dresden, Berlin) die Zahl der Trichinenleichen einen ziemlich beträchtlichen Procentsatz (3 %) ausmache.

Durch die späteren Erfahrungen sind diese Vorkommnisse völlig begreiflich geworden, wie dadurch denn auch die zeitlichen und localen Schwankungen in der Häufigkeit derselben ihre volle Erklärung gefunden haben.

Wo ein Trichinenfall vorliegt, da hat natürlich überall eine Infection stattgefunden. Aber auch in frischen Fällen ist es nicht immer möglich gewesen, dieselbe nachzuweisen. Es wird das begreiflich, wenn man bedenkt, dass auch diese frischen Fälle gewöhnlich erst nach 8—14 Tagen oder noch später zur Kenntnissnahme und Behandlung kommen, unter Umständen also, die es keineswegs leicht erscheinen lassen, die Infection auf ein bestimmtes Moment zurückzuführen. So oft nun aber solches geschehen ist — und die Zahl dieser Fälle hat allmählich eine ziemlich erkleckliche Höhe erreicht*) —, hat sich die Quelle der

---

*) Hierher gehören u. a. die Fälle von Plauen, Corbach, Rügen, Hettstädt, Hamburg, Quedlinburg, Celle, Insterburg. Besonders überzeugend ist der von Tüngel (Arch. f. path. Anat. 1863. Bd. 27 S. 421) beschriebene Fall, der an Bord eines von Valparaiso nach Hamburg segelnden Schiffes zur Beobachtung kam.

Krankheit überall als die gleiche erwiesen. In allen diesen Fällen war es das Schwein, welches dem Menschen die Trichinen brachte.

Damit ist allerdings noch keineswegs bewiesen, dass es immer und allerorten nur das Schwein sei, welches den Menschen trichinenkrank mache, allein es ist das Schwein bei uns zu Lande bestimmt dasjenige Geschöpf, welches bei der Frage nach der Herkunft der menschlichen Trichinen nahezu ausschliesslich in Betracht kommt.

Bei näherer Ueberlegung der Verhältnisse wird man schon auf dem Wege des Ausschlusses zu dieser Erkenntniss hingeführt.

Die wichtigsten Fleischlieferanten der Menschen sind ausser dem Schweine bekanntlich noch Schaf und Rind. Im Allgemeinen dürften vielleicht alle drei so ziemlich den gleichen Werth haben, allein es giebt Gegenden, in denen das Schwein das bei Weitem wichtigste Hausthier ist. Zu diesen Gegenden gehören u. a. die nördlichen Vereinigten Staaten*), so wie die nördlichen Theile unseres deutschen Vaterlandes**), besonders die preussische Provinz Sachsen mit den angrenzenden Ländern.

Dass diese Gegenden zugleich besonders ergiebige Infectionsherde für die Trichinenkrankheit abgeben, wie das oben hervorgehoben wurde, wollen wir hier nicht besonders betonen, obwohl wir darin bereits eine indirecte Bestätigung für unsere Behauptung finden.

Neben dem Schweine könnte also noch Rind und Schaf der Einschleppung der Trichinen verdächtig werden.

Dass Rind und Schaf trichinig werden können (d. h. die Fähigkeit besitzen, Muskeltrichinen in ihrem Fleische grosszuziehen), ist auf experimentellem Wege ausser Zweifel gesetzt (S. 73). Aber dieselbe experimentelle Methode hat uns zugleich belehrt, dass Rind und Schaf diese Fähigkeit in ungleich geringerem Maasse besitzen, als das Schwein. Während das letztere in fast allen Fällen trichinig wird, wo man es zum Experiment herbeizieht, liegen für die beiden erstgenannten Hausthiere mehr Versuche mit negativem, als mit positivem Erfolge vor.

Aber gesetzt auch, dass die Empfänglichkeit der Rinder und Schafe für die Trichinose eben so gross wäre, wie die der Schweine, so würde deren Vorkommen trotzdem ein ungleich seltneres sein müssen. Die Gründe dafür liegen in der abweichenden Lebensweise. In directem Gegensatze zu dem Schweine, das keine Nahrung verschmähend Fleisch und Koth und Vegetabilien mit gleicher Begierde verschlingt, sind die Rinder und Schafe in der Auswahl ihrer Nahrung äusserst vorsichtig und im Allgemeinen so streng auf vegetabilische Substanzen beschränkt, dass sie kaum jemals in die Lage kommen werden, selbst-

---

*). In Cincinnati (gen. Porcopolis) und Chicago soll jährlich fast eine Million Schweine geschlachtet werden. Der Consum von Schweinen dürfte in Nordamerika überhaupt grösser sein, als irgendwo anders. (Nach den Mittheilungen des Herrn Dr. Langer verzehrt allein ein grösserer Farmer mit seinen Leuten in Jahresfrist nicht selten 200—250 halbwüchsige Schweine.) In Europa dürfte sich ausser dem nördlichen Deutschland namentlich die Wallachei durch Production und Verbrauch von Schweinefleisch auszeichnen. Uebrigens giebt es auch in Hamburg Schlächtereien, die täglich einige Hundert Schweine verarbeiten.

**) Für den Norden Deutschlands beträgt der jährliche Fleischconsum pro Kopf der (städtischen) Bevölkerung mindestens 70 Pfd. — Hamburg 92, Königsberg 63 — und davon wird mehr als ein Drittheil von dem Schweine geliefert. (In der pr. Provinz Sachsen kommen auf eine Quadratmeile 1100 Schweine — in Regierungsbezirk Erfurt deren sogar 1240 —, während die Zahl in Schlesien nur 312 beträgt. Aehnliche Unterschiede finden sich zwischen Nord- und Süddeutschland mit Ausnahme des Grossherzogthums Hessen, in dem gleichfalls etwa 1100 Schweine auf die Quadratmeile kommen.)

ständig sich mit Trichinen zu inficiren. Dadurch wird auch begreiflich, dass man noch niemals spontan trichinige Rinder oder Schafe beobachtet hat, während Trichinenschweine bekanntlich nichts weniger als selten sind und an manchen Orten selbst ziemlich häufig vorkommen *).

Was für die Rinder und Schafe hier gesagt wurde, gilt in gleicher Weise auch für die Hirsche und Rehe, die bei der Frage nach der Trichinenhaltigkeit des Fleisches an vielen Orten gleichfalls Berücksichtigung verdienen. Etwas anders verhalten sich dagegen die Hasen und Kaninchen**).

Nicht bloss, dass dieselben (besonders, wie es scheint, die Kaninchen) in der Empfänglichkeit für Trichinen kaum hinter den Schweinen zurückstehen, auch ihre Nahrung ist der Art, dass sie gegen Trichinenansteckung keineswegs völligen Schutz gewährt. Man sieht die Thiere Fleisch und Knochen benagen, wo sie deren antreffen, und weiss sogar, dass sie (Hasen) des Winters gelegentlich förmlich Jagd auf Mäuse machen ***). Trotzdem ist übrigens bis jetzt noch kein Fall bekannt geworden, der das spontane Vorkommen von Trichinen in den Muskeln dieser Thiere nachgewiesen hätte.

Wo die Ratten zu den Nahrungsthieren zählen, wie wir das namentlich von afrikanischen und malaiischen Völkern wissen†), da wird die Ansteckung mit Trichinen voraussichtlicher Weise gar häufig auch durch diese vermittelt werden.

Ich sage voraussichtlicher Weise, weil wir bis jetzt über das Vorkommen der Trichinen ausserhalb Europa erst wenige Erfahrungen haben. Neben Nordamerika kennen wir bloss Valparaiso und Calcutta noch als ausssereuropäischen Sitz der Trichinose. Da die Trichinen indessen durch ihre Lebensgeschichte der Einwirkung der äussern Natur vollständig entzogen sind, so steht zu erwarten, dass sie sich mit der Ratte und dem Schweine über die ganze Erde verbreitet haben, also im Innern Afrika's und auf den Südseeinseln eben so wenig fehlen, als in Deutschland. Ob sie freilich daselbst mit gleicher oder vielleicht gar mit noch grösserer Häufigkeit vorkommen, ist eine andere Frage, deren Beantwortung von Nebenumständen abhängt, die sich nicht im Voraus übersehen lassen.

Da wir die Ratten verschmähen, auch Kaninchen und Hasen nur in geringer Menge geniessen, so dürfen wir mit grosser Sicherheit hiernach behaupten, dass es das Schwein sei††), das uns mit Trichinen inficire.

Aber das Schweinefleisch wird vor dem Genusse doch zubereitet, es wird gekocht, gebraten, gepökelt, geräuchert — sind die Trichinen denn im Stande, diese Proceduren ungefährdet zu überstehen? Ist Hitze, Salz und Rauch ihnen gegenüber denn wirkungslos?

*) Das Wildschwein wird natürlich eben so gut, wie das Hausschwein, gelegentlich an Trichinose leiden.
**) Im (südlichen) Frankreich spielt das Kaninchen unter den Nahrungsthieren bekanntlich eine bedeutende Rolle.
***) So lese ich wenigstens in Pester, über die kleine Jagd (1795) S. 32 Anm. „Schriftsteller versichern, dass die Hasen im November, gleich den Katzen, Mäuse in den Wäldern fangen und sie bis unter den Schnee verfolgen." Herr Revierförster F u c h s in Miltenberg besitzt einen gezähmten Hasen, der nichts lieber frisst, als Fleisch, besonders Schweinefleisch. Aehnliches kann man bei gezähmten Kaninchen fast überall beobachten.
†) „Von Zigeunern, einigen Südseeinsulanern und Neuholländern werden die Ratten gegessen, im Innern von Afrika sogar stellenweise zu Markte gebracht." B l a s i u s, Naturgeschichte der Säugetiere Deutschlands S. 315.
††) Die Möglichkeit, dass sich der Mensch mit dem Kothe trichinenkranker Thiere inficire, lasse ich ausser Berücksichtigung. An und für sich ist dieselbe um so weniger abzuleugnen, als wir andere Eingeweidewürmer (Echinococcen) nachweislich auf demselben Wege beziehen. Wenn ich trotzdem davon absehe, so geschieht das deshalb, weil diese Uebertragung auch in günstigen Fälle nur zu den seltenen Ausnahmen gehören wird und stets nur unbedeutende Mengen von Würmern zu importiren vermag. Eine Erkrankung wird auf diese Weise wohl niemals zu Stande kommen.

Es würde schlimm um unsere Gesundheit stehen, wenn dem so wäre. Rechnen wir, dass der Mensch bei uns zu Lande des Jahres durchschnittlich etwa von 25 Schweinen geniesse*), so würde er während seines Lebens — mit einer Durchschnittsdauer von vierzig Jahren — Fleisch von 1000 Schweinen zu sich nehmen. Wenn nun unter etwa 10,000 Schweinen je ein Trichinenschwein sich befindet, dann würden bei obiger Voraussetzung durchschnittlich 10 pCt. der Bevölkerung an Trichinose zu leiden haben, ein Verhältniss, das denn doch 3 Mal so hoch ist, als dasjenige, welches in den von Trichinose vorzugsweise heimgesuchten Gegenden bis jetzt durch die anatomische Untersuchung — Z e n k e r fand in Dresden unter 136 Leichen 4 mit Trichinen**) — constatirt ist. — Unter den Städtebewohnern, die bekanntlich bei Weitem das meiste Fleisch verzehren, würden voraussichtlich nur wenige von der Trichinose verschont bleiben, wenn die Zubereitung unserer Fleischspeisen nicht die grössere Mehrzahl der Schweinetrichinen unschädlich machte.

Aber andererseits dürfen wir uns über die Bedeutung und den Umfang des Schutzes, der uns hierdurch wird, keiner Illusion hingeben. Durch Experiment und Beobachtung ist zur Genüge festgestellt, dass die Muskeltrichinen eine ganz ungewöhnliche Resistenzkraft besitzen. Nicht bloss, dass sie, wie wir wissen, Jahrzehnte lang in ihrem Träger leben bleiben und den Fäulnissprocess des Fleisches, welches sie bewohnen, bisweilen länger als einen Monat ertragen***) — man trifft mitunter noch lebende Trichinen in ganz zerfliessendem Fleische —, auch der Temperatur gegenüber verhalten sie sich in hohem Grade unempfindlich. Mit einer Fleischmasse, die des Winters bei —16 bis 20° R. drei Tage lang (an einem allerdings etwas geschützten Orte) im Freien gelegen hatte und vollständig gefroren war, liess sich in einem von mir angestellten Experimente noch eine äusserst intensive Infection erzielen †). Aehnliche Beobachtungen sind auch von R u p p r e c h t, F i e d l e r und K ü h n gemacht worden, doch glaubt F i e d l e r, dass die Trichinen zu Grunde gingen, wenn ihre Eigenwärme unter —11° R. sinke. K ü h n fand das in einem Eiskeller gefrorne Trichinenfleisch noch nach nach 1½ Monaten infectionsfähig. Erst nach zwei Monaten waren die Würmer sämmtlich abgestorben, blass und bewegungslos ††). Ebenso ertragen die Trichinen aber auch eine Wärme von 40 — 42° R. ohne irgend welche Veränderung. Erst eine Steigerung auf 45° übt einigen Einfluss aus, aber unschädlich werden dieselben erst dann, wenn die Temperatur eine Höhe von 50 — 55° R. erreicht (Fiedler †††), Haubner) und das Eiweiss zum Gerinnen gebracht hat. Die so getödteten Trichinen zeigen unter dem Mikroskope ein gleichförmig helles, fast opalisirendes Aussehen, wie ich es auch bei den im Darmkanale abgestorbenen unvollständig entwickelten Individuen beobachtet habe (S. 61).

Um also vor der Trichinenansteckung mittelst gebratenen und gekochten Schweinefleisches völlig sicher zu sein, müsste die Fleischmasse durch und durch auf mindestens

---

*) Eine Annahme, die übrigens für den Norden Deutschlands viel zu gering ist.
**) Archiv für pathol. Anat. 1860. Bd. 18. S. 330.
***) Wo die Fäulniss durch Mittel verhindert wird, welche das Leben der Trichinen nicht beeinträchtigen, dürften dieselben den Tod ihres Trägers bestimmt um mehrere (vielleicht 3 und 4) Monate überdauern.
†) Menschliche Parasiten Bd. I. S. 120.
††) A. a. O. S. 83.
†††) A. a. O. S. (27 und) 468.

12*

50 — 55° R. erhitzt werden. Dass dieser Temperaturgrad aber keineswegs überall durch die gewöhnliche Zubereitung (namentlich von grösseren Fleischstücken) erreicht wird, das lehrt gelegentlich schon die Beschaffenheit und das Aussehen der Schnittflächen. Wo das Fleisch noch seine natürliche Weichheit und Farbe besitzt, wo Blut und Eiweiss noch nicht geronnen sind, da ist natürlich auch die Trichinengefahr nicht beseitigt.

Auch auf dem Wege der directen Temperaturbestimmung ist diese Thatsache ausser Zweifel gestellt. Rupprecht, der die bei dem Wurstmachen stattfindenden Proceduren in Folge der furchtbaren Epidemie von Hettstädt von diesem Gesichtspunkte aus einer näheren Prüfung unterwarf[*]), maass in der nach dreiviertelstündigem Kochen „gar“ aus der Kesselbrühe (von 76° R.) genommenen Blutwurst (4″ Durchmesser) eine Temperatur von 53°, in der Zungenwurst 51°, im Schwartenmagen 47°, in der Presssülze 50°, in den dünneren Würsten 60° — also Temperaturen, die (mit Ausnahme der letzten) noch keineswegs eine völlig genügende Garantie geben, dass die etwa vorhandenen Muskeltrichinen sämmtlich getödtet sind. Ebenso fand Küchenmeister[**]), dass grosse Stücke Wellfleisch nach halbstündigem Kochen erst eine Temperatur von 48° R. (im Innern sogar nur 44°) besassen. Um die Temperatur auf 62 — 64° zu erhöhen, mussten dieselben mehrere Stunden lang im Kessel verweilen. Bratwurst und Coteletten erreichten bei gewöhnlicher Behandlung eine Temperatur von 50°, Schweinebraten von einigen 60 (à l'Anglaise nur 52°). Die Temperatur des gar gekochten Schinkens bestimmte Rupprecht auf 52°, ebenso hoch auch die des in Gemüse gekochten Schweinefleisches, während die der sog. Fleischklöschen sich nicht über 47° R. erhob. Schnell geröstete Würste, wie sie bei grosser Frequenz gewöhnlich an öffentlichen Orten genossen werden, haben sogar nur 23° im Innern.

Die Temperaturen, die wir beim Braten und Kochen in unseren Fleischspeisen erzielen, bewegen sich also — mit wenigen Ausnahmen — so ziemlich an der Grenze der Wärmegrade, welche die Trichinen zum Absterben bringen. In der Regel mögen dieselben auch wohl — von einzelnen wenigen Speisen, die unter gewöhnlichen Verhältnissen geradezu als verdächtig bezeichnet werden müssen, abgesehen — genügen, das Leben oder doch wenigstens die Keimkraft derselben zu zerstören. Aber Metzger und Köche pflegen die Behandlung der Fleischwaaren nicht nach dem Thermometer zu reguliren, sondern nach Geschmack und Gewohnheit, die einen nur sehr ungenügenden Schutz gegen die Trichinengefahr bieten und überdiess, wie männiglich bekannt, nach Land und Leuten gar vielfachen Schwankungen unterliegen. Und manche dieser Gewohnheiten dürften nichts weniger als gefahrlos sein. Man hört gar vielfach die Behauptung, dass die Häufigkeit und perniciöse Form der Trichinose im nördlichen Deutschland der dort üblichen Zubereitung der Fleischspeisen ihren Ursprung verdanke. Wenn man dann aus Rupprecht's Arbeit über die Hettstädter Trichinenepidemie erfährt[***]), dass daselbst u. a. 23 Personen an Röstwurst, 7 an Bratwurst und Fleischklöschen, 14 an Schwartenmagen, 1 an Blutwurst, 1 an Schweinebraten, 8 an gekochtem Fleische, im Ganzen also 54 Personen an Speisen erkrankten, die in landesüblicher Weise mit Feuer behandelt waren, und zum Theil sehr schwer erkrankten — von diesen 51 Personen starben 10 —, dann kann man sich in der That des Gedankens nicht

---

*) A. a. O. S. 132.
**) Zeitschrift für Med., Chir. und Geburtshülfe Bd. II. S. 314.
***) A. a. O. S. 122.

erwehren, dass diese Behauptung nicht so ganz ungegründet sei *). Auch im südlichen Deutschland fehlt es nicht an trichinigen Schweinen und Menschen, aber bis jetzt ist die Trichinose daselbst immer nur in einzelnen isolirten Fällen zur Beobachtung gekommen. Doch unsere Erfahrungen sind einstweilen noch kurz und spärlich; es wäre vielleicht voreilig, hierüber bereits jetzt ein Urtheil zu fällen.

Aber so viel dürfen wir schon heute behaupten, dass man bei der Zubereitung des Schweinefleisches nicht vorsichtig genug verfahren kann. Durch die von Kühn**) angestellten Versuche ergiebt sich ganz unwiderleglich, dass man selbst durch vollständiges „Garkochen" des Fleisches noch keine völlig sichere Garantie bekommt, dass alle Trichinen getödtet sind.

Ein Fleischstück, das 2 Stunden 21 Minuten lang gekocht war, enthielt immer noch entwicklungsfähige Würmer — allerdings nur so wenige, dass bei dem damit gefütterten Schweine (in 270 Präparaten) nur eine einzige Trichine aufgefunden werden konnte. Nach Fütterung mit Wellfleisch, das 1 Stunde 19 Minuten gekocht hatte — länger, als es gewöhnlich zu geschehen pflegt — liessen sich (in einer gleichen Menge Präparate) schon 3 Trichinen nachweisen. Ein Schweinchen, welches einen 1½ Stunden lang gebratenen trichinigen Vorderschenkel verzehrt hatte, zeigte (immer in derselben Zahl von Präparaten) 14 Trichinen, und bei einem andern, das mit Fleischklöschen gefüttert wurde, die achtzehn Minuten lang gebraten waren, stieg diese Zahl sogar auf 224. Erst durch ein Braten von 2½ Stunden wurden die Parasiten völlig abgetödtet. Trotzdem, meint Kühn übrigens, müsse man mit Rücksicht auf die Trichinengefahr dem normal zubereiteten Braten den Vorzug vor dem gekochten Fleische geben.

Wie starke Hitze, so tödtet natürlich auch Salz die Trichinen, wenn es in concentrirter Lösung darauf einwirkt. Es tödtet durch Wasserentziehung***) — wie schon das verschrumpfte Aussehen der Würmer beweist, die auf diese Weise behandelt werden —, und schon nach einer verhältnissmässig geringen†) Zeitdauer. In Uebereinstimmung damit fand Fürstenberg, dass eine zehntägige Pökelung das Trichinenfleisch unschädlich macht, wenn man es ohne Wasserzusatz mit reichlicher Salzmenge überstreuet. Eben so unschädlich erwies sich ein Fleisch, was 7 und resp. 5 Tage lang ordnungsmässig eingesalzen war.

Natürlich wird dabei Alles auf die Stärke der Salzlake und die Grösse der Stücke ankommen. Dass nicht jedes Pökelfleisch unschädlich ist, beweisen die Corbacher Erkrankungen, die dadurch herbeigeführt wurden. Eben so konnte Fiedler eine Katze noch mit 14 Tage lang gepökeltem Schweinefleische††) trichinisiren. Auch Rupprecht berichtet

---

*) In den von Kühn mit Blutwurst und Schwartenwurst angestellten Experimenten ergab sich die letztere durchaus unschädlich. Bei dem mit ersterer gefütterten Schweine wurde (in 270 Präparaten) eine einzige Trichine vorgefunden. Die Wurst war nach Halle'scher Sitte fabricirt. (In einer von mir hier in Giessen vorgenommenen ähnlichen Reihe von Versuchen waren beide Wurstarten unschädlich.)
**) A. a. O. S. 76. (Zur richtigen Beurtheilung der Resultate muss übrigens bemerkt werden, dass das zum Experimentiren verwendete Fleisch nur mässige Mengen von Trichinen enthielt.)
***) Durch Austrocknen gehen die Trichinen in allen Stadien rasch zu Grunde.
†) Colberg sah isolirte Trichinen schon nach einer Viertelstunde in concentrirter Salzlösung zu Grunde gehen, während dieselben in den von Rupprecht angestellten Experimenten (Concentration = 1 : 5) noch mehrere Stunden lebendig blieben. Salpeter- und Pottaschelösung (1 : 40) liess die Würmer völlig unverändert.
††) A. a. O. S. 520.

94

von einer schwer erkrankten Katze, die von einem 7 Wochen vorher geschlachteten Schweine
ein Stück rohen Pökelfleisches genascht hatte *).

Der Hinterschenkel eines Kaninchens, der 3 Tage lang in starker Salzlake gelegen
hatte, liess ein anderes Kaninchen so schwer erkranken, dass es 16 Tage später zu
Grunde ging **).

Das Voranstehende gilt übrigens zunächst nur für das rohe Pökelfleisch. Wird
dasselbe hinterher noch stark gekocht oder gebraten, so dürfte es — eine regelrechte und
sorgfältige Behandlung vorausgesetzt — in allen Fällen unschädlich sein, wie das denn auch
von Kühn auf experimentellem Wege constatirt ist.

Beim Räuchern des Fleisches handelt es sich um die Einwirkung von Wärme, Salz
und Rauch. Aber diese drei Momente haben, je nach der Zubereitungsweise, einen verschiedenen Werth. So dürfte die erstere bei der gewöhnlichen „kalten" Räucherung, die
eine Wärme von kaum 14 ⁰ R. verlangt, so gut wie gar nicht in Betracht kommen. Anders bei der sog. heissen Räucherung, die in eigens dazu construirten Apparaten bei einer
Temperatur von ungefähr 52⁰ vorgenommen wird, und schon nach 24 Stunden Würste liefert, deren Trichinen keine Infection mehr hervorriefen (Haubner). Das Salz spielt nur
bei der Schinkenfabrikation eine grössere Rolle, bei der vor der Räucherung bekanntlich
eine wenn auch gewöhnlich nur wenig vollständige Pökelung stattfindet. Zwei Trichinen-
Schinken, die 31 Tage lang gepökelt waren und dann 22, resp. 10 Tage lang im Rauche
gehangen hatten, erwiesen sich bei Fütterungsexperimenten beide als unschädlich (Kühn),
während die Hinterschenkel eines Kaninchens, die nach zweitägiger Pökelung und nach
dreitägigem Räuchern ganz die Beschaffenheit der gewöhnlichen „frischen" Schinken angenommen hatten, noch eine Infection verursachten, die auf je 1 Gramm Fleisch etwa 3—4
Trichinen lieferte (Leuckart). Der auf dem Wege der sog. Schnellräucherung erzielte
Schinken, der nur kurz und schwach gesalzen, dann mit Holzessig oder Creosot bestrichen
und schliesslich noch ein Weniges geräuchert wird, dürfte an Gefährlichkeit kaum hinter
diesem Präparate zurückstehen. Jedenfalls kennen wir eine Anzahl Trichinenfälle (Hamburg, Insel Rügen, Insterburg u. s. w.), die durch den Genuss von Schinken verur-
sacht sind ***).

Mett- und Schlagwürste aus trichinigem Fleische, die nach der Anfertigung einige
Tage lang zum Abtrocknen aufgehängt und dann 14 Tage hindurch dem gewöhnlichen
Räucherungsprocesse unterworfen waren, hatten 3½ Monate später, wie Kühn fand, ihre
Infectionsfähigkeit verloren. Eben so schon nach 8—9 tägigem Räuchern und darauf fol-
gendem Bestreichen mit Holzessig (Fürstenberg), während eine dreitägige Räucherung
(Haubner), so wie eine fünftägige (Leuckart) noch eine massenhafte Trichinenent-
wicklung zuliess. So wenigstens in denjenigen Fällen, in welchen diese Wurst frisch ver-

*) A. a. O. S. 140.
**) Leuckart, menschliche Parasiten I. S. 119.
***) Wahrscheinlich sind auch manche der von früher her bekannten Fälle sog. Schinken- (und Wurst-) Giftes
als Trichinenfälle in Anspruch zu nehmen. Nach Husemann's Vermuthung gilt solches u. a. in Betreff des von
Kopp (Denkwürdigkeiten der ärztlichen Praxis Bd. III. S. 75) beschriebenen Falles, in dem zu Niedermittlau 47
Personen nach einem Hochzeitsschmause, bei dem Bratwürste genossen wurden, erkrankten. (Seidel beobachtete
in Jena einige leichte Trichinenfälle nach dem Genusse von gekochtem Schinken und Cervelatwurst.)

füttert wurde. Vier Wochen später schienen — im erstern Falle — die Trichinen sämmtlich abgestorben zu sein *).

Sogenannte Knackwürste, die, gleich den Mettwürsten, aus ungekochtem Fleische bereitet und dann etwa acht Tage leicht geräuchert werden, erwiesen sich auch in der Hettstädter Epidemie als äussert gefährlich, indem sie nicht weniger als zehn Erkrankungen, sämmtlich schwere Fälle, von denen vier mit dem Tode endigten, herbeiführten **). Selbst acht Wochen nach dem Einschlachten des Schweines waren Knackwürste noch im Stande, eine Trichinenkrankheit zu erzeugen ***).

Es giebt, wie es scheint, nur eine einzige Speise, welche die Knackwürste an Gefährlichkeit noch überbietet, und das ist das sogenannte Hackfleisch, d. h. rohes Fleisch, welches nach dem Hacken mit etwas Salz und Pfeffer genossen wird. In Hettstädt erkrankten 11 Personen nach dem Genusse desselben, sämmtlich schwer, so dass drei davon starben, und aus Hedersleben erfahren wir, dass die grössere Menge der dortigen schweren Erkrankungen gleichfalls durch den Genuss dieses rohen Fleisches veranlasst sei. Aehnliches gilt für die Epidemieen von Burg und Quedlinburg.

Die Sitte oder vielmehr Unsitte, solch rohes Fleisch zu geniessen, war im nördlichen Deutschland von jeher ziemlich weit (nicht bloss etwa unter den Metzgern, Köchen und Hausfrauen, die auch andererorten gelegentlich ihre Würste, Klops und Klöschen vor dem Kochen auf den Gehalt an Salz und Gewürz prüfen) verbreitet und hat in den letzten Jahren, besonders unter den arbeitenden Classen, noch beträchtlich zugenommen. Nicht einmal die furchtbaren Leiden der Trichinose sind im Stande, von dem gewohnten Genusse zurückzuschrecken Kaum ausser Gefahr, sollen die Kranken in Hedersleben schon wieder nach Hackfleisch verlangt haben.

Es versteht sich von selbst, dass vor dem Genusse solcher Speisen nicht nachdrücklich genug gewarnt werden kann. Selbst in äusserst geringen Mengen wirkt rohes Trichinenfleisch bei nur einigermaassen zahlreichen Parasiten fast wie ein Gift. Wir wissen von Erkrankungen und heftigen Erkrankungen, die nur durch das Ablecken eines Löffels oder Beiles entstanden sind, an dem einige wenige Fleischreste anhingen (Rupprecht). Diese intensive Wirkung erklärt es denn auch, warum die sporadische Trichinose wie die Bandwurmkrankheit so häufig bei Metzgern beobachtet wird, die durch Beschäftigung und Lebensverhältnisse vor allen Anderen zum Genusse rohen Fleisches Veranlassung finden†). Auch in den grösseren Epidemieen sind die Metzger und deren Angehörige fast regelmässig (Calbe, Hettstädt, Hedersleben u. s. w.) ein Opfer der Trichinose geworden.

---

*) Um so auffallender ist die Angabe von Kühn (a. a. O. S. 16), nach der eine Wurst, die in Insterburg mehrere Trichinenfälle veranlasst hatte, noch circa neun Monate nach dem Schlachten lebenskräftige Würmer enthalten habe. „Ihre innere Structur war noch unverändert, und bei der Erwärmung entrollten sich die aus den Kapseln freigelegten Exemplare." Es ist zu bedauern, dass diese Lebensfähigkeit nicht durch das Experiment geprüft wurde.

**) Rupprecht, a. a. O. S. 114.

***) Rupprecht, a. a. O. S. 152.

†) Wo das Proben der rohen Fleischspeise nicht ganz unterbleiben kann, da sollte der geprüfte Bissen doch wenigstens nicht verschluckt werden.

Das Vorkommen und Erkennen der Trichinen im Schweine.

Nachdem einmal festgestellt war, dass es das Schwein ist, welches für gewöhnlich den Menschen mit Trichinen inficirt, mussten sich die Maassregeln und Vorschläge zur Verhütung der Ansteckung natürlich auch zunächst auf dieses Thier concentriren. Es musste sich, um das Uebel sogleich an der Wurzel zu packen, vor allen Dingen darum handeln, die Schweine selbst gegen die Trichinen zu schützen. Dass die Trichinen in Folge unpassender Fütterung und Haltung „von selbst" in den Schweinen entständen, kann angesichts unserer heutigen Erfahrungen über die Lebensgeschichte der Eingeweidewürmer überhaupt*) und der Trichinen insbesondere nur von Solchen behauptet werden, die diese Erfahrungen entweder nicht kennen oder grundsätzlich geringschätzen. Kein Eingeweidewurm entsteht „von selbst" — alle ohne Ausnahme kommen in dieser oder jener Form von Aussen in den Körper ihrer spätern Wohnthiere. Bald werden sie als Embryonen oder embryonenhaltende Eier aufgenommen, bald noch als larvenartige Geschöpfe von mehr oder minder abweichender Gestaltung. Der Weg, auf dem dieselben in ihre Wirthe übertreten, ist in der Regel der Darmkanal. Die auf irgend eine Art mit den Keimen der spätern Schmarotzer verunreinigte Speise oder das zum Trinken dienende Wasser giebt dabei das Vehikel ab. Nur in seltenen Fällen dringt der Schmarotzer selbstständig durch die Haut in das Innere.

Ob die Ansteckung auf die eine oder die andere Art geschieht, hängt nicht etwa vom Zufall ab, sondern wird überall durch die Natur und die Vorkommnisse der betreffenden Thiere bestimmt. Ein jeder Schmarotzer hat seine eigene Geschichte, die bei allen Individuen die gleiche bleibt und im Einzelnen studirt werden muss, wenn es gilt, die Frage nach dem Herkommen zu beantworten.

Die Experimente, die zur Feststellung der Lebensgeschichte der Trichinen angestellt worden und dem Leser unserer Untersuchungen bekannt sind, haben den Nachweis geliefert, dass eine Ansteckung mit diesen Würmern möglich ist

1) durch Uebertragung reifer Embryonen oder trächtiger Weibchen,
2) durch Uebertragung reifer Muskeltrichinen.

Beide Male beobachtet man unter günstigen Verhältnissen einige Wochen nach Anstellung des Experimentes in dem Versuchsthiere Muskeltrichinen, die das erste Mal direct aus den gefütterten Embryonen entstanden sind, das andere Mal aber die Descendenten der

---

*) Man vergl. hierüber meine Auseinandersetzungen in den „menschlichen Parasiten" Bd. 1. S. 44 ff.

zunächst in geschlechtsreife Darmtrichinen sich umwandelnden Muskelwürmer darstellen. Natürlich denn auch, dass die Zahl der Muskeltrichinen in diesem letzteren Falle die Zahl der übertragenen Würmer um ein Beträchtliches überschreitet. Aber es ist nicht bloss die Grösse des Erfolges, die zwischen diesen beiden Uebertragungsweisen einen Unterschied macht, sondern auch der Umstand, dass die letztere weit constanter und sicherer zum Ziele führt. Während die äusserst resistenten Muskeltrichinen — von einigen wenigen Ausnahmen abgesehen — ungefährdet den Magen der neuen Wirthe passiren und in den Dünndarm übertreten, um Leben und Entwicklung hier fortzusetzen, scheinen die von aussen eingebrachten Embryonen, gleich ihren Eltern, sehr häufig der Einwirkung der Magensäfte zu erliegen und nur durch eine besonders günstige Combination von Bedingungen zu einer weitern Entwicklung befähigt zu werden. Mag diese Form der Ansteckung nun aber auch selten sein, so ist sie doch, unseren bisherigen Erfahrungen zufolge, vorhanden, und das ist Grund genug, sie nach wie vor bei der Frage nach dem Ursprunge der Schweinetrichinen in Berücksichtigung zu ziehen.

Andererseits müssen wir uns freilich hüten, die Bedeutung derselben zu überschätzen. Und das ist offenbar, besonders in früherer Zeit, von mehr als einer Seite — mich selbst nicht ausgeschlossen — geschehen.

Bevor unsere Kenntnisse über das Vorkommen und die Verbreitung der Trichinen den gegenwärtigen Umfang erreicht hatten, war man geneigt, den Menschen und das Schwein, wenn auch vielleicht nicht gerade als die einzigen, doch jedenfalls als die häufigsten und natürlichsten Träger dieser Würmer zu betrachten. Der Kreislauf der Trichinen, so nahm man an, bewege sich, wie der des gemeinen Bandwurmes (Taenia solium), für gewöhnlich nur zwischen diesen beiderlei Geschöpfen. Wie der Mensch durch das Schwein angesteckt wird, so sollte derselbe auch seinerseits wieder das Schwein inficiren, freilich weniger durch seine Muskeltrichinen, die demselben ja nur selten zugängig wären, als vielmehr durch die trichinenhaltigen Excremente. War durch einen unglücklichen Zufall erst einmal ein Schwein mit Trichinen behaftet, dann war damit auch zugleich die Möglichkeit der weiteren Verbreitung gegeben, da die abgehenden Kothmassen ja leicht von einem anderen Thiere gefressen werden konnten.

Um die Schweine trichinenfrei zu erhalten, brauchte man sie hiernach nur an dem Kothfressen zu hindern. Reinlichkeit und Stallfütterung schienen nach dieser Sachlage die besten Präservativmittel. Man konnte sich sogar der Hoffnung hingeben, durch sorgfältige Durchführung dieser Vorsichtsmaassregeln die schreckliche Krankheit allmählich auszurotten (Virchow).

Dass eine Ansteckung mit Trichinen und eine Verschleppung derselben auf diesem Wege möglich ist, wird man nicht leugnen können, es müsste denn sein, dass man die Versuche, die für die Uebertragbarkeit reifer Embryonen sprechen (S. 37), überhaupt nicht als beweiskräftig gelten lassen wollte.

Aber man kann die absolute Möglichkeit einer derartigen Ansteckung zugeben und doch der Ueberzeugung sein, dass dieselbe nur selten und nur in Ausnahmsfällen stattfindet.

So lange es an stricten Beweisen fehlt, hat eine jede Ueberzeugung Berechtigung, die sich auf haltbare Gründe stützt. Ich stehe desshalb nicht an, hier zu erklären, dass ich mit diesem Satze meine eigene Ueberzeugung ausgesprochen habe.

Was mich verhindert, der Ansteckung durch trichinenhaltige Excremente eine grössere Bedeutung beizulegen, ist nicht bloss die Unsicherheit des Erfolgs bei der experimentellen Uebertragung reifer Embryonen, sondern weiter auch die Thatsache, dass die Excremente trichinenkranker Thiere im Ganzen nur selten grössere Mengen lebenskräftiger Weibchen enthalten.

Auch sonst hat diese Annahme, wie es scheint, im Ganzen nur geringen Beifall gefunden. Man suchte wenigstens fortwährend noch nach anderen Quellen des Imports. Hier glaubte man die Runkelrübe, dort den Regenwurm und die Engerlinge als Träger der Trichinenkeime gefunden zu haben.

Es waren unglückliche Abwege, auf die man gerieth.

Die Runkelrüben enthalten allerdings, wie die Regenwürmer und Engerlinge, nicht selten kleine Spulwürmer — aber diese haben mit den Trichinen nicht mehr und nicht weniger gemein, als der Sperling mit der Schwalbe oder der Fuchs mit dem Hasen. Es sind Spulwürmer, die zu ganz anderen Arten nicht bloss, sondern auch zu anderen Familien gehören, wie Jeder constatiren kann, der sich nur die Mühe giebt, dieselben aufmerksam zu untersuchen und mit den echten Trichinen zu vergleichen. Die sog. Trichinen der Runkelrübe sind nicht einmal eigentliche Schmarotzer, wenigstens nicht in dem Sinne, wie die Trichinen, und durchaus unfähig, in einen lebendigen thierischen Körper überzuwandern. Man sieht sie sogar an den Runkelrüben zur vollen Geschlechtsentwicklung heranreifen.

So gut wie die hier erwähnten Pflanzen und Thiere hätte man fast ein jedes beliebiges Object des Schmuggels mit Trichinen bezichtigen können. Aehnliche kleine Spulwürmer finden sich fast überall, in Pfützen und Gossen, in Kleister und Essig, in Schnecken und Käfern, in Fröschen und Fischen. Zum Theil sind diese Würmer auch wirklich die Jugendformen von Nematoden, die im ausgebildeten Zustande bei höheren Thieren schmarotzen [*], aber keiner derselben — so viel wir deren auch kennen — hat irgend welche Beziehungen zu den Trichinen. Sie auf gewisse oberflächliche Aehnlichkeiten hin diesen Thieren identificiren, heisst geradezu sich des Rechtes begeben, in der Trichinenfrage mitzusprechen.

Nach den oben (S. 73) zusammengestellten Experimenten über die Verbreitung der Trichinen kann es keinem Zweifel unterliegen, dass das Vorkommen dieser gefährlichen Würmer auf die Warmblüter und das der Muskeltrichinen sogar ausschliesslich auf die Säugethiere beschränkt ist.

Geschieht demnach die Ansteckung der Schweine durch die Aufnahme trichinigen Fleisches, wie es nach unseren Auseinandersetzungen über die Infectionsfähigkeit des Kothes trichinenkranker Thiere als Regel angesehen werden muss, so kann es sich bei der Frage nach dem Herkommen der Schweinetrichinen nur um ein Säugethier handeln.

Die neueren Untersuchungen haben nun zur Genüge nachgewiesen, dass die Trichinen unter den Schweinen, wenigstens in gewissen Gegenden, nichts weniger als selten sind. (In Cassel hat man z. B. Anfangs dieses Jahres binnen 14 Tagen fünf Trichinenschweine

---

*) Ich darf hier wohl nochmals auf meine Beobachtungen über die Entwicklungsgeschichte der Nematoden (in dem Archiv für wissenschaftliche Heilkunde Bd. II. S. 195) verweisen, durch die wir über die Wanderungen und wechselvollen Schicksale dieser Thiere zahlreiche und überraschende Aufschlüsse gewonnen haben. Näheres darüber wird in dem zweiten Bande meines Parasitenwerkes mitgetheilt werden.

aufgefunden!) Es müssen also die Säugethiere, welche die Schweine mit ihrem Fleische inficiren, leicht zugängig sein.

Man hat die Vermuthung ausgesprochen, dass sich die Trichinenschweine ihre Parasiten auf Abdeckereien geholt hätten. In der That ist auch nicht zu leugnen, dass Schweine, die das Fleisch crepirter Hausthiere fressen, gelegentlich — ich denke hier zunächst (von den Schweinen selbst abgesehen) nur an Katzen und Hunde, die wir ja oben als Trichinenträger kennen gelernt haben — mit Trichinen sich anstecken können, aber es ist bestimmt nur die bei weitem geringere Menge der Trichinenschweine, die auf diese Weise inficirt wird. Meines Wissens ist es ziemlich allgemein Sitte, die Schweine von den Abdeckereien fern zu halten. Es fehlt also für gewöhnlich die Gelegenheit einer Infection. Die Fälle aber, in denen die Schweine von ihren Besitzern absichtlich mit dem Fleische gefallener oder getödteter Thiere gefüttert werden, sind zu selten, als dass sie bei der Beurtheilung der Frage nach dem Herkommen der Schweinetrichinen maassgebend sein könnten.

Meiner Meinung nach muss man die Hauptquelle dieser Parasiten wo anders suchen. Schon im Jahre 1862 habe ich bei Gelegenheit einer Darlegung von dem heutigen Stande unserer Helminthologie*) auf die kleinen Säugethiere aufmerksam gemacht, die, überall verbreitet, wie sie sind, gar häufig von den Schweinen gefressen würden und bei der Leichtigkeit, mit der sie sich — wie ich schon damals auf experimentellem Wege festgestellt hatte — mit Trichinen inficiren, wahrscheinlicher Weise als eine Hauptquelle der Schweinetrichinen zu betrachten seien.

Meine Andeutungen sind nicht unbeachtet geblieben. Man hörte seit jener Zeit vielfach gewisse kleine Säugethiere als der Verschleppung der Trichinen verdächtig bezeichnen. Aber der Verdacht wendete sich weniger auf die Ratten und Mäuse, die ich bei meiner Bemerkung im Sinne gehabt und auch ausdrücklich genannt hatte, als vielmehr auf die Maulwürfe. Man las ja überall, dass Herbst bei den Maulwürfen „fast constant" Trichinen aufgefunden habe. Was wollten da die wenigen Experimentalbeobachtungen heissen, über die ich vielleicht zu disponiren hatte. Also die Maulwürfe waren es, die unsere Schweine ansteckten. Aber Maulwürfe werden nur draussen, auf den Feldern gefunden — wiederum erwies sich die Stallfütterung als das beste Schutzmittel wider die Trichinen.

Nachdem wir die wahre Natur der sog. Maulwurfstrichinen erkannt haben (S. 11), kann dieser Verdacht natürlich nicht länger mehr aufrecht erhalten werden. Es ist allerdings nach den oben (S. 72) angezogenen Experimenten die Möglichkeit nicht in Abrede zu stellen, dass der Maulwurf gelegentlich einmal wirkliche Trichinen beherberge, aber die Wahrscheinlichkeit eines derartigen Vorkommens ist doch im Ganzen um so geringer, als sich der Maulwurf gewöhnlich bloss von Insekten, Würmern und anderen niederen Thieren ernährt und das Fleisch der Säugethiere verabscheut.

Wenn nun aber auch die Maulwürfe unsere Schweine nicht trichinenkrank machen, woher stammt denn die Brut dieser gefährlichen Parasiten?

Es giebt meines Erachtens auf diese Frage nur eine einzige Antwort, und die lautet dahin, dass es die kleinen Nager, dass es namentlich und vorzugsweise die Ratten sind, welche die Ansteckung vermitteln.

*) Unsere Zeit, Monatshefte zum Conversationslexicon, Bd. VI S. 652. Vergl. auch meine späteren Mittheilungen über denselben Gegenstand im Archiv für wissensch. Heilkunde Bd. I. S. 62, Bd. II. S. 195.

Die Häufigkeit und allgemeine Verbreitung, das schaarenweise Vorkommen an unreinlichen Orten, die Gefrässigkeit und omnivore Lebensweise*) — das Alles sind Eigenschaften, welche die Ratten vor allen anderen zu der Rolle befähigen, die wir denselben durch unsere Behauptung vindicirt haben. Was die Abdeckereien und Fleischereien an Abfällen liefern, fällt grösstentheils diesem schmutzigen Ungeziefer anheim.

Bei der schon oben erwähnten Empfänglichkeit für das Trichinencontagium wird es also an Ansteckungen nicht fehlen. In der That hat man an verschiedenen Orten bereits trichinige Ratten beobachtet, in Heidelberg, Halle, Giessen. Ausser den Katzen, Iltissen und Füchsen sind die Ratten (und Mäuse) sogar die einzigen Thiere neben dem Schweine, die wir bisher als spontan trichinig kennen gelernt haben. Aber Katzen und Füchse nähren sich zum grossen Theile von Ratten (und Mäusen); das Vorkommen der Trichinen in diesen Thieren ist uns demnach nur ein neuer Beweis für die Richtigkeit der Vermuthung, dass die Ratten (und Mäuse) den Ausgangspunkt der Trichinenkrankheit abgeben.

Zur Unterhaltung dieses gefahrdrohenden Herdes bedarf es übrigens nicht einmal des fremden Importes. Ich habe auf experimentellem Wege nachgewiesen, dass die Ratten, gleich den Kaninchen, bei nur einigermaassen starker Infection gewöhnlich in der vierten und fünften Woche nach Beginn der Krankheit zu Grunde gehen**). Aber die gefrässigen Geschöpfe lassen Nichts verderben. Kaum ist einer ihrer Genossen verendet, so theilen sich die Ueberlebenden in Haut und Fleisch des Todten. Das Contagium breitet sich immer weiter aus — es entstehen unter den Ratten förmliche Epidemieen, wie unter den Menschen. Es sind nicht blosse Möglichkeiten, die ich male: Kühn und ich, wir haben alle Beide derartige, wenn auch nur auf kleine Localitäten beschränkte Epidemieen einer spontanen Trichinose unter den Ratten beobachtet.

Zu den Lieblingsplätzen der Ratten gehören aber nicht bloss unsere Miststätten, Cloaken und Abdeckereien, sondern bekanntlich auch die Schweineställe, in denen das Ungeziefer neben hinreichender Nahrung auch die nöthige Wärme findet. Doch die Schweine theilen Kost und Lager nur ungern mit dem zudringlichen Gesindel. Wo nur irgendwie eine Ratte ergriffen wird — und bei trichinenkranken unbeholfenen Thieren wird das voraussichtlicher Weise noch leichter geschehen, als bei gesunden —, da tritt augenblicklich eine strenge Justiz ein. Die gefangene Ratte wird verzehrt***). Ihre Trichinen, wenn sie

*) Blasius, der gründliche Kenner unserer Säugethiere, sagt von der Ratte Folgendes (Naturgeschichte der Säugethiere Deutschlands S. 315): „Jede Nahrung ist ihr recht, aus dem Pflanzenreiche, wie aus dem Thierreiche, sogar der Koth der Abtritte. Am liebsten geht sie nach Geflügel, auch nach Esswaaren in den Speisekammern, Küchen und Kellern oder nach Abfall aus denselben. Man kennt Beispiele, dass sie gemästeten Gänsen bei lebendigem Leibe die Füsse, fetten Schweinen die Seiten, und brütende Puter auf den Eiern aufgefressen hat. Desshalb scheint sie auch die Nähe des Menschen dem Leben in der freien Natur vorzuziehen. Sperrt man mehrere zusammen in einen Behälter, so fressen sie einander bis auf die letzte auf."

**) Auch eine mit frisch eingewanderten Trichinen gefangene Ratte habe ich um diese Zeit crepiren sehen.

***) Erfahrene Oekonomen kennen diese Thatsache zur Genüge. Ebenso erzählen Kühn und Virchow Fälle von Schweinen, die Ratten verzehrten. Auch das Wildschwein geniesst neben vegetabilischen Substanzen Ratten und Mäuse. (Natürlich kann auch das Wildschwein trichinig werden, obwohl wir darüber bis jetzt noch keine positiven Erfahrungen haben.) — Das Voranstehende war schon niedergeschrieben, als mir die Nr. 50 der neuen hannöverschen Zeitung mit einer Notiz vor Augen kam, die (aus Hannover d. d. 30. Januar) eine vollständige Bestätigung meiner Angaben bringt. Durch die Thatsache aufmerksam gemacht, dass von den acht Trichinenschweinen, die in der Stadt Hannover bis jetzt entdeckt wurden, zwei Mal je drei auf denselben Schlächter kamen, liess die königliche Polizei-

deren hatte, gehen auf einen neuen Wirth über: das Schwein tritt damit ein in den Kreislauf der mit Recht so sehr gefürchteten Schmarotzer.

Zur Erhaltung der Trichinen und zur Vollendung ihres Umtriebes ist diese Einschaltung der Schweine nicht absolut nothwendig. Es ist gewissermaassen nur ein Seitenweg, den die Trichinen einschlagen, wenn sie in die Schweine übertreten. Die grössere Mehrzahl derselben geht einen andern Weg; sie gelangt aus einer Ratte in die andere. Aber wenn wir nun auch vom helminthologischen Standpunkte die Einwanderung der Trichinen in den Körper der Schweine mehr als einen Zufall betrachten dürfen, denn als eine Nothwendigkeit, so gewinnt dieser Zufall doch für den Menschen eine verhängnissvolle praktische Bedeutung. Die Trichinenschweine werden durch Uebertragung ihrer Parasiten für den Menschen eine Quelle der furchtbarsten Leiden.

Ist unsere Ansicht von dem Umtriebe der Trichinen in der Natur die richtige — und sie hat durch die oben angezogene Beobachtung aus Hannover bereits ihre Bestätigung erhalten — so spielt Schwein und Mensch in der Geschichte derselben im Ganzen eine nur untergeordnete Rolle. Wir müssen allerdings zugeben, dass die Parasiten aus beiden wiederum in die Ratten übergehen können, dass durch die Einwanderung in diese fremden Geschöpfe deren Verbreitung und Umtrieb vergrössert wird, dass neue Herde der Infection dadurch entstehen können, aber der Kreislauf der Trichinen hat diese und ähnliche Collateralwege nicht absolut nothwendig; er vollzieht sich auch da, wo dieselben fehlen. Unter solchen Umständen wird es wohl schwerlich jemals gelingen, die Trichinen zu vertilgen. Das Einzige, was wir zu erzielen vermögen, wird das sein, dass wir die Verbreitung derselben beschränken und immer mehr und mehr auf ihre natürlichen Träger einengen. Die Gefahr für den Menschen wird dadurch wohl vermindert, aber nicht aufgehoben. Durch einen unglücklichen Zufall können die bösen Gäste alle Augenblicke die Schranken durchbrechen, welche der Mensch ihnen anzuweisen bemüht ist, und dann Krankheit und Tod in weite Kreise hineintragen.

Auch bei aller Vorsicht wird es nicht möglich sein, die Ratten überall und völlig von den Schweinen fern zu halten. Und das wäre doch am Ende der einzige ausreichende Schutz gegen die Einschleppung des Trichinencontagiums. Immerhin aber können wir nach dieser Richtung hin Manches leisten. Wir können den Verkehr zwischen Schwein und Ratte beschränken, indem wir die Zucht- und Maststätten derselben an Orte verlegen, die möglichst rattenfrei sind, und sie der Art einrichten, dass sie den Ratten unzugänglich werden und keine Schlupfwinkel bieten. Bei Stallfütterung ist der Abschluss gegen die Ratten natürlich vollständiger zu erzielen, als bei Mast- und Weidegang; die erstere bietet — natürlich nur unter Berücksichtigung der hier empfohlenen Cautelen — demnach auch eine grössere Garantie, als freie Aufzucht.

Natürlich dürfen sich unsere Maasnahmen gegen die Trichinen nicht ausschliesslich auf die Einrichtung der Schweineställe beschränken. Sie müssen auch gegen die Ratten

---

direction auf Anrathen des Prof. Gerlach aus dem Stall des Schlächters, bei dem das letzte, erst vor Kurzem aufgefundene Trichinenschwein (mit frisch eingewanderten, höchstens 6 Wochen alten Muskelwürmern) entdeckt war, einige Ratten fangen und durch Prof. Gerlach auf Trichinen untersuchen. Und siehe da, die Ratten wurden „ganz voll von alten Muskeltrichinen" befunden. Da das betreffende Schwein, wie sich jetzt herausstellte, 10 Wochen hindurch vor dem Abschlachten in fraglichem Stalle gefüttert war, so darf die Inficirung desselben durch die Ratten als zweifellos betrachtet werden.

selbst gerichtet sein und dahin abzielen, dem Ueberhandnehmen derselben möglichst zu steuern. Aber auch die Mäuse dürfen bei der Frage nach der Infection der Schweine nicht ausser Acht bleiben. Allerdings ist die Maus viel weniger gefrässig, als die Ratte, und namentlich auch weniger fleischfressend*); allein trotzdem giebt es, wie schon oben erwähnt wurde, auch spontan trichinige Mäuse, die natürlich gleichfalls zur Verschleppung der Parasiten beitragen. Freilich will es mir scheinen, als wenn diese Mäuse den Katzen gefährlicher wären, als den Schweinen, obwohl sie gelegentlich auch die letzteren inficiren mögen.

Wie Ratten und Mäuse, so bedarf natürlich auch das verdächtige oder gar als trichinig erkannte Fleisch der Ueberwachung. Findet man dafür keine Verwendung, welche die Parasiten unschädlich macht (z. B. in Seifensiedereien, zum Auskochen des Fettes u. s. w.), so vergrabe man es an Orte, die den Ratten und anderen Fleischfressern unzugänglich sind, und suche es, zur grössern Sicherheit, durch Beifügung von ungelöschtem Kalk oder andern corrodirenden Substanzen mit sammt den lebendigen Insassen zu zerstören**). In ähnlicher Weise dürfte auch der Koth trichinenkranker Thiere zu desinficiren sein.

Kann man die Herkunft trichinenkranker Schweine genau ermitteln, so ist in allen Fällen gerathen, die an Ort und Stelle befindlichen Ratten (und Mäuse) möglichst vollständig wegzufangen oder zu vergiften. Wo einmal eine trichinige Ratte vorhanden war, da giebt es deren vermuthlicher Weise auch mehrere. Eine solche Localität ist demnach mit sammt der Nachbarschaft beständig als verdächtig anzusehen und bei dem Bezuge von Schweinen zu meiden. Wie wichtig eine solche Maassnahme ist, beweisen die (in Plauen, Hettstädt, Insel Rügen u. a. a. Orten) in kurzen Zwischenräumen mehrfach beobachteten Wiederholungen von Trichinenepidemieen, die deutlich auf einen fortdauernd wirksamen Infectionsherd hinweisen.

Der Umfang solcher Infectionsherde kann natürlich bald grösser, bald auch geringer sein. Hier ist derselbe vielleicht auf einzelne Stallungen oder Höfe beschränkt, dort über einen ganzen Ort oder einen noch grössern Kreis verbreitet.

Auch zeitliche Schwankungen werden dabei vielfach in Betracht kommen. Nicht bloss, dass je nach Umständen (Ausbreitung der Trichinose unter den Ratten, localen Einrichtungen der Ställe u. s. w.) die Gefährlichkeit derselben wechselt, es ist leicht einzusehen, wie an mehr oder minder entlegenen Orten durch Verschleppung neue Infectionsherde entstehen, und andere nach mehr oder minder langem Bestande erlöschen.

Natürlich, dass der Mensch hierauf durch geeignete Maassregeln in dieser oder jener Weise, hemmend oder fördernd, je nach der Sachlage, einzuwirken vermag. Aber in allen Fällen ist der Schutz, der dadurch erzielt wird, nur ein relativer. Es wächst nur die Wahrscheinlichkeit, dass das Schwein gesund bleibt. Eine Garantie für wirkliche Abwesen-

---

*) Bei der von mir unter den Ratten beobachteten Trichinenepidemie ergaben sich die Mäuse der inficirten Localität sämmtlich als trichinenfrei. Die zur Beobachtung gekommenen trichinigen Mäuse stammten aus anderen Häusern.

**) Ganz ähnliche Vorschläge sind auch von Vogel u. Kühn gemacht worden. „Der Landwirth, so sagt letzterer (a. a. O. S. 30) wird seine Schweine vor Trichineninfection zu schützen suchen müssen: durch möglichstes Fernhalten von Ratten und Mäusen aus den Ställen und durch Verhütung des Fressens von Cadavern solcher Thiere, die möglicher Weise Trichinen enthalten können, wie das insbesondere bei der Katze der Fall ist."

heit der Trichinen wird nimmermehr durch eine blosse Prophylaxe gewonnen. Dazu bedarf es anderer Mittel und zwar solcher, die direct auf den Nachweis und die Erkennung der Trichinen gerichtet sind.

Eine Zeitlang hat man geglaubt, dass die Trichinose bei den Schweinen mit eben so specifischen Symptomen auftrete, wie bei den Menschen, und ohne Weiteres Gelegenheit biete, die Anwesenheit der Trichinen zu diagnosticiren. Der von mir zuerst beobachtete Fall (S. 32) schien in der That auch ganz darnach angethan, diese Meinung zu erregen. Allerdings hatte ich gleichzeitig auch noch von zwei anderen Fällen zu berichten gehabt, in denen die von mir trichinisirten Schweine kaum irgend welche auffallende Krankheitsstörungen zur Schau trugen (S. 63) und doch später Massen von Muskeltrichinen enthielten, allein der positive Befund gewann, wie das auch sonst wohl zu geschehen pflegt, das Uebergewicht und diente zur Stütze einer Annahme, die ja auch die Analogie mit dem Menschen für sich geltend machen konnte. Spätere Versuche, besonders von Haubner, Gurlt und Kühn, haben diese Illusionen zerstört und den Nachweis geliefert, dass es unmöglich ist, die Trichinenkrankheit der Schweine mit Bestimmtheit zu diagnosticiren. Darmkatarrh, Fieber, Abmagerung, Steifigkeit resp. Kreuzlähme, Heiserkeit — das sind allerdings Erscheinungen, die sich nicht übersehen lassen, aber sie sind keineswegs überall gleich auffallend und in manchen Fällen, besonders bei leichter Infection, nur theilweise oder selbst gar nicht vorhanden. Haubner und Kühn berichten von trichinigen Schweinen, bei denen nach der Infection auch nicht die leiseste Gesundheitsstörung stattfand, obwohl die Section beträchtliche Mengen von Muskeltrichinen nachwies, und auch mir sind solche Fälle vorgekommen. Freilich will ich dabei bemerken, dass die grössere Menge der von mir trichinisirten (12) Schweine in der mit ihren Hauptsymptomen oben kurz charakterisirten Weise erkrankten. In der Regel begann die Krankheit am 5.—8. Tage nach der Fütterung mit fieberhaften Diarrhoen, zu denen sich dann einige Tage später die übrigen Erscheinungen gesellten. In einem Falle ging das Thier 12 Tage nach Einleitung des Versuches an Darmentzündung zu Grunde. Auch Gurlt sah bei seinen Versuchsthieren mehrfach den Tod eintreten*). Oedeme, die bei den trichinenkranken Menschen so auffallend und häufig sind, werden bei dem Schweine niemals beobachtet.

Aber auch da, wo der Symptomencomplex auf Trichinen hindeutet, muss man mit der Diagnose vorsichtig sein, indem das Schwein mitunter an rheumatischen Affectionen erkrankt, welche die Trichinose mehr oder minder vollständig imitiren (Kühn).

Doch gesetzt auch, es wäre möglich, die Trichinenkrankheit der Schweine eben so sicher zu erkennen, wie die des Menschen, so würde solches allein doch noch nicht ausreichen. Wir wissen ja, dass die Krankheit nach einigen Wochen schwindet, während die Trichinen bleiben und, wie auch die direct darauf gerichteten Versuche von Kühn ausser Zweifel gesetzt haben**), keineswegs im Stande sind, einen nachhaltigen ungünstigen Einfluss auf die Körperentwicklung und die Mastfähigkeit der Thiere auszuüben. Es ist sogar nicht selten, dass sich die Trichinenschweine durch besonderen Fett- und Fleischgehalt auszeichnen.

Wir bedürfen unter solchen Umständen noch anderer Mittel zur Erkennung der

*) Wochenschrift der Annalen der Landwirthschaft 1864. N. 46. S. 409.

**) A. a. O. S. 18.

Trichinen, und zwar solcher, die uns deren Anwesenheit jederzeit, am lebenden, wie am todten Thiere, zu constatiren ermöglichen.

Man hat den Vorschlag gemacht — und in Frankreich (Lille) soll derselbe sogar zum Zwecke der Trichinenschau praktisch geworden sein — bei dem lebenden Schweine die Unterfläche der Zunge zu untersuchen und darauf zu achten, ob hier etwa kleine weisse Pünktchen sichtbar seien.

Der Vorschlag beruht auf der unleugbaren Thatsache, dass man an der genannten Stelle (wie von mir und Welcker bei einer trichinigen Katze zuerst beobachtet ward) die Trichinenkapseln unter Umständen schon mit unbewaffnetem Auge deutlich durch die zarten Bedeckungen hindurch erkennen kann. Aber die Trichinenkapseln müssen zu diesem Zwecke bereits verkalkt sein, also eine Beschaffenheit besitzen, wie sie in der Regel erst nach Jahr und Tag erreicht wird.

Da wir unsere Schweine nun aber gewöhnlich vor Ablauf der ersten zwei Lebensjahre schlachten, in einem Alter also, in dem eine solche Verkalkung nur selten eingetreten sein wird*), so erhellt leicht, dass eine derartige Untersuchung nicht die geringste Garantie giebt.

Wir kennen nur ein Mittel, die Existenz der Trichinen ausser Zweifel zu setzen, und das ist die mikroskopische Untersuchung.

Handelt es sich dabei um ein lebendes Schwein, so muss diesem zunächst ein Stückchen Muskelsubstanz entnommen werden. Man kann zu diesem Zwecke einen Hautschnitt machen, allein das hat seine Schwierigkeiten, da derselbe ziemlich schmerzhaft ist und das Schwein natürlich Widerstand leistet. Es ist desshalb zweckmässiger, das Schwein mit einem seitlich ausgehöhlten Pfriemen, einer sog. Harpune, anzustechen und ohne grössere Verletzung dadurch das Fleisch aus der Tiefe hervorzuholen. Allerdings ist die Fleischmenge, die man mit diesem Instrumente**) erhält, nur gering, allein man kann den Stich ja ohne Beschwerden und Gefahr beliebig oft wiederholen — Kühn harpunirte bisweilen 16 Mal in einer Session, ohne irgend welchen Nachtheil für das Schwein — und hat dabei den Vortheil, verschiedene Körperstellen auf den Trichinengehalt zu prüfen.

Natürlich wählt man zu derartigen Versuchen am besten grössere Fleischmassen, wie die Nacken- und Lendenmuskeln (das Fleisch des Schulterblattes, der Vorderschenkel u. s. w.), die man in passender Lage — das Thier wird vor der Operation geworfen und während derselben festgehalten — leicht anstechen kann, ohne bei der Handhabung des Instrumentes mit Knochen in Berührung zu kommen und die Beinhaut zu verletzen.

Die Harpune muss möglichst in der Richtung, in der sie eingesenkt wurde, wieder herausgezogen und der Stich selbst nicht zu tief geführt werden, aber doch tief genug, damit er die etwa unter der Hautmasse befindliche Fettlage durchsetze, die Muskeln***)

---

*) Einige Fälle von Schweinen mit verkalkten Trichinen sind übrigens trotzdem bekannt geworden. Vergl. das Referat von Nathusius in den Annalen der Landwirthschaft in den königlich preussischen Staaten, 1865, Jahrgang 23. S. 50.

**) Die Construction dieses schon früher in der menschlichen medicinischen Praxis (nach Middeldorpf und Weber) mehrfach angewendeten Instrumentes ist von Kühn in einer für die Untersuchung der Schweine passenden Weise abgeändert worden. Vergl. die schon mehrfach erwähnte Trichinenarbeit desselben a. a. O. S. 19. (Der Instrumentenmacher Baumgartel in Halle fertigt solche Harpunen für den Preis von 25 Sgr. à Stück.)

***) Es ist nach unseren Mittheilungen über die Lebensgeschichte der Trichinen eigentlich überflüssig, mag aber trotzdem hier nochmals erwähnt sein, dass es nur das sog. rothe Fleisch ist, das Trichinen enthält. Die Specklage,

sicher erreiche und in sie eindringe. Durch einen kurzen seitlichen Zug nach genügend tiefer Einsenkung der Harpune und zwar nach der Seite hin, nach welcher sich die Höhlung, also die Schnittfläche der Harpune befindet, wird das Einraffen einer genügend grossen Portion von Muskelfasern gesichert. Es ist zweckmässig, dabei mit der freien Hand etwas gegen die Körperstelle von Aussen zu drücken, in welche die Spitze der Harpune eingedrungen ist (Kühn).

Kühn, der die Harpune vielfach anwendete, versichert, mit derselben nicht bloss die Existenz der Trichinen, sondern auch deren relative Häufigkeit sicher bestimmen zu können. Es gelang ihm sogar, nach 14 Harpunenstichen bei einem Schweine Trichinen nachzuweisen, bei dem später in 270 Präparaten nur noch 3 andere aufgefunden wurden. Es mag sein, dass der Nachweis in diesem Falle bloss ein Zufall war, allein auch bei der Untersuchung des ausgeschlachteten Fleisches spielt dieser Zufall oftmals eine Rolle. Wo die Trichinen nur vereinzelt und spärlich vorkommen, da kann deren Existenz am Ende eben so gut bei Anwendung des Messers, wie der Harpune übersehen werden.

Immerhin aber ist nicht zu verkennen, dass die Untersuchung des geschlachteten Schweines im Ganzen eine grössere Sicherheit gewährt und ein entschiedeneres Urtheil über die etwaige Trichinenhaltigkeit zulässt. Nicht bloss, weil wir hier beliebig viele Fleischmassen zur Disposition haben, sondern auch desshalb, weil wir dabei ohne irgend welche besondere Rücksicht gerade diejenigen Stellen auswählen können, die erfahrungsmässig die meisten Parasiten enthalten.

Schon bei mehrfachen Gelegenheiten (namentlich in dem Kapitel über die Wanderungen der Trichinen) haben wir die Thatsache hervorgehoben, dass die Trichinen keineswegs gleichmässig über die Fleischmasse ihrer Träger vertheilt sind, sondern gewisse Localitäten vorziehen. Am deutlichsten geht das wohl aus den statistischen Materialien hervor, die Kühn durch seine Beobachtungen an dem Schweine gesammelt und in der schon mehrfach citirten Abhandlung niedergelegt*) hat.

Kühn untersuchte drei nur mässig inficirte Schweine an 15 Körperstellen. Er verfertigte von jeder Stelle die gleiche Anzahl von Präparaten (meist 15 bei jedem Schweine), 741 im Ganzen und zählte eine Summe von 1628 Trichinen. Die Würmer waren der Art vertheilt, dass sich bei der procentischen Durchschnittsberechnung folgende Scala ergiebt: das Zwerchfell mit 25,3 Proc., die Schulterblattmuskeln mit 14 Proc., die Lendenmuskeln mit 11,3, die Kehlkopfmuskeln mit 8,5, die Beugemuskeln der Hinterschenkel mit 7, die Halsmuskeln mit 4,8, die Zunge mit 4,7, die Backenmuskeln mit 4,4, die Augen- und Bauchmuskeln je mit 3,6, die Streckmuskeln der Vorderschenkel mit 3,1, die Genickmuskeln mit 2,6, die Beugemuskeln der Vorderschenkel mit 2,5, die Zwischenrippenmuskeln mit 1,7, die Rückenmuskeln mit 0,3**). Bei stärkerer Infection treten diese Unterschiede, wie ein von Kühn untersuchtes viertes Schwein zeigte, allerdings weniger hervor, allein trotzdem finden sich auch hier Schwankungen von 22 Proc. (die abweichender Weise hier den Zwischen-

Haut und Eingeweide sind — mit Ausschluss natürlich des Darmes und der Leibeshöhle zur Zeit der Einwanderung — trichinenfrei.
*) A. a. O. S. 47 ff.
**) Die Streckmuskeln der Hinterschenkel und die Ohrmuskeln, die nicht gleichmässig berücksichtigt wurden, sind bei der obigen Zusammenstellung ausser Berechnung geblieben. (Trotzdem hat keine Umrechnung stattgefunden, die angeführten Werthe sind demnach sämmtlich ein wenig zu klein ausgefallen.)

rippenmuskeln zukommen) bis zu weniger als 2 Proc. (in den Streckmuskeln der Vorderschenkel). Eben so ergiebt die rechte und linke Körperhälfte nicht überall gleich grosse Massen von Trichinen.

Obwohl diese Scala bei fortgesetzten Untersuchungen bestimmt noch mancherlei Veränderungen erleiden wird, berechtigt sie uns doch zu der Behauptung, dass das Zwerchfell, sowie die Muskeln der Schulter- und Lendengegend bei der Trichinenschau besondere Berücksichtigung verdienen. Nach eignen Erfahrungen würde ich denselben noch die (von Kühn nicht speciell untersuchten) Brustmuskeln, so wie die Halsmuskeln anreihen. Die Augenmuskeln, die man mehrfach mit Nachdruck empfohlen hat, sind gewöhnlich schwächer mit Trichinen besetzt, als die Kehlkopfmuskeln*), und die Beiss- oder Backenmuskeln, die bei den Kaninchen fast immer Unsummen von Würmern enthalten und darauf hin auch für das Schwein als die passendsten Stellen bezeichnet wurden, erscheinen mitunter fast trichinenfrei, während andere Muskelgruppen reichlich besetzt sind.

Zum Zwecke der mikroskopischen Untersuchung verfährt man nun nach meinen Erfahrungen am besten folgendermassen.

Das von den oben empfohlenen Localitäten entnommene Fleisch**) wird zunächst von dem umgebenden Bindegewebe gereinigt oder in der Richtung des Faserverlaufes gespalten. Ist die Fleischsubstanz auf die eine oder andere Weise blossgelegt, so fasst man mit der Pincette ein schmales (höchstens linienbreites) Bündel von Fasern und trennt dieses durch einen Scheerenschnitt in der Richtung des Faserverlaufes von der übrigen Fleischmasse. Das Faserbündel, welches man dabei isolirt, darf die Dicke von ¹/₂ Linie nicht überschreiten, kann aber immerhin gegen einen Zoll lang sein. Die unmittelbare Nähe von Nervenstämmchen, Blutgefässen und Bindegewebssträngen ist bei der Anfertigung des Schnittes zu vermeiden.

Den so abgetrennten Fleischstreifen***) überträgt man nun ohne Störung des Faserverlaufs auf einen Objectträger (am besten von sog. Giessener Formate, etwa 2 Zoll lang und etwas mehr als 1 Zoll breit), breitet ihn hier vielleicht mit Hülfe eines einfach gefassten Nadelapparates flach aus und befeuchtet ihn dann nicht mit Wasser, sondern mit einer starken Lösung von Aetzkali (etwa 1¹⁄₂ Drachme auf 1¹⁄₂ Unze Wasser). Nachdem diese Flüssigkeit†) einige Augenblicke eingewirkt und die Fleischsubstanz aufgehellt hat, bedeckt man das Object mit einem sog. Deckgläschen, das am besten aus dünnem Fensterglase geschnitten ist und etwa 1 Zoll im Quadrat hält. Nachdem das Deckgläschen ziemlich kräftig angedrückt ist und die Fleischmasse in eine dünne Fläche ausgebreitet hat, auf der, wo

---

*) Wo der Fleischbeschauer nicht in Person das zu untersuchende Fleisch entnimmt — wie das in der Provinz Sachsen Vorschrift ist — da sollte übrigens den Fleischproben beständig (der Controle wegen) Kehlkopf und Augen des zu untersuchenden Thieres mit den zugehörenden Muskeln beigelegt werden.

**) Da die Schweine gewöhnlich durch einen Längsschnitt geöffnet werden, der die Schulterblattmuskeln nicht blosslegt, so dürfte es für die Praxis im Grossen am zweckmässigsten sein, die Fleischproben dem Psoas, Zwerchfell, Pectoralis und Sterno-hyoideus zu entnehmen.

***) Das Reglement der Provinz Sachsen schreibt vor, die Isolirung mit einer Nadel vorzunehmen, die man unter dem Fleischbündel quer durchsticht und dann nach vorn und hinten schiebend fortbewegt. Ich finde die oben empfohlene Methode leichter, schneller und zweckmässiger.

†) Vogel hat Essigsäure empfohlen, die ich auch schon bei meinen ersten Trichinenuntersuchungen (S. 45 Anm.) erprobt habe, allein ich ziehe die oben erwähnte Lösung vor.

möglich, keine Luftblasen hängen geblieben sind, ist das Präparat für die mikroskopische Untersuchung genügend vorbereitet *).

Bevor ich übrigens das Präparat auf den Objecttisch des Mikroskops bringe, pflege ich es gegen das Licht zu halten und mit unbewaffnetem Auge zu prüfen. Sind Trichinen darin vorhanden und schon eingekapselt, so sehe ich dieselben als kleine helle Perlen von der matten Fleischmasse sich abheben. Weitsichtige Individuen werden die Parasiten vielleicht übersehen, einem Kurzsichtigen wird dagegen das Auffinden derselben (bei einiger Uebung) nicht besonders schwer fallen.

Die mikroskopische Untersuchung geschieht zunächst mit mässiger Vergrösserung, am besten mit 40- oder 50facher Linearvergrösserung (auf 8 Zoll Sehweite berechnet), die zum Auffinden und Erkennen der etwa vorhandenen Trichinen hinreicht und bei der Grösse des Gesichtsfeldes ohne beträchtlichen Zeitverlust ein vollständiges Durchsuchen des Präparates gestattet. Sollte man bei der Beobachtung auf zweifelhafte Bilder stossen, dann bleibt der Recurs an stärkere Vergrösserungen offen. Ueber eine Linearvergrösserung von 100 wird man kaum jemals hinauszugehen Veranlassung finden.

Es versteht sich von selbst, dass die Untersuchung mit der Durchmusterung eines einzigen Präparates noch nicht beendigt ist. Hat man es mit einem stark inficirten Schweine zu thun, so wird man allerdings wahrscheinlicher Weise schon in dem ersten Präparate Trichinen finden, aber nicht alle Schweine sind so dicht besetzt. Ich habe aus mir übersendeten Fleischproben mitunter 10—12 Präparate angefertigt, bevor ich die erste Trichine auffand, und halte es desshalb für dringend geboten, von mindestens vier verschiedenen Körperstellen mindestens je drei bis vier Präparate herzustellen und einer genauen Prüfung zu unterwerfen. Und selbst dann, wenn diese 12—16 Präparate sämmtlich frei von Parasiten befunden, kann man nur mit Wahrscheinlichkeit auf die gänzliche Abwesenheit von Trichinen zurückschliessen **). Kühn erzählt von einem Falle, in dem er bei einem Trichinenschweine 40 Präparate aus den Hinterbacken (die allerdings gewöhnlich nur wenige Trichinen enthalten) entnahm, ohne einen einzigen Wurm zu finden und dann auf eine Stelle stiess, die so reich durchsetzt war, dass jedes Präparat deren einen oder mehrere einschloss. Mit Berücksichtigung dieses Umstandes wird man die Präparate, die man aus einem Muskelstücke fertigt, am besten auch von verschiedenen Stellen entnehmen.

*) Ebenso verfährt man natürlich mit dem durch die Harpune hervorgehobenen Fleische, das sich freilich kaum jemals so regelmässig entfaltet, als der geschnittene Streifen. Gleiches gilt für die Fleischbröckelchen, welche man aus der Wurst ausliest, die auf ihren Trichinengehalt geprüft werden soll, nur erscheint es zweckmässig, diese Fleischstückchen vorher etwas im Wasser aufquellen zu lassen. Der etwa zu untersuchende Schinken wird — und ebenso das Pökelfleisch — am besten mit Hülfe eines scharfen Rasirmessers in Schnitte zerlegt, die entweder in der Richtung des Faserverlaufes geführt werden, oder dieselbe rechtwinklig kreuzen. Je dünner die Schnitte ausfallen, desto leichter und sicherer lässt sich die Untersuchung ausführen. Will man Schinken oder Wurst nicht anschneiden, so kann man sich zur Untersuchung auch der Harpune bedienen.

**) Immerhin aber wird das — eine genaue und sorgfältige, gewissenhafte Untersuchung vorausgesetzt — so viel beweisen, dass die Trichinen nur sehr vereinzelt in dem Schweine vorhanden sind. Allerdings können auch solche Fälle noch Erkrankungen hervorrufen (wie das z. B. in Celle beobachtet ist), aber dieselben werden wohl kaum jemals eine ernstliche Gefahr bedingen. Jedenfalls würde es nicht zu rechtfertigen sein, auf die Möglichkeit hin, derartige Fälle zu übersehen, die Trichinenschau überhaupt für überflüssig zu erklären. Wie schon von anderen Seiten (besonders von Virchow) nachdrücklich hervorgehoben, ist die Einrichtung einer Trichinenschau heute zu einer unabweisbaren Pflicht geworden.

14 *

Das Aussehen der Trichinen ist je nach dem Alter und dem Entwicklungsgrade natürlich ein verschiedenes. Wir haben diese Verschiedenheiten bei früherer Gelegenheit (S. 63 ff.) genauer kennen gelernt und dürfen demnach hier darüber hinweggehen, doch scheint es nicht unzweckmässig, dieselben durch die beistehenden Holzschnitte nochmals in das Gedächtniss der Leser zurückzurufen.

Fig. 1.   Fig. 2.   Fig. 3.

Sieben Wochen alte Trichinen, 45 Mal vergrössert.   Drei Monate alte Trichinen, 45 Mal vergrössert.   Verkalkte Trichinen, einige 30 Mal vergrössert.

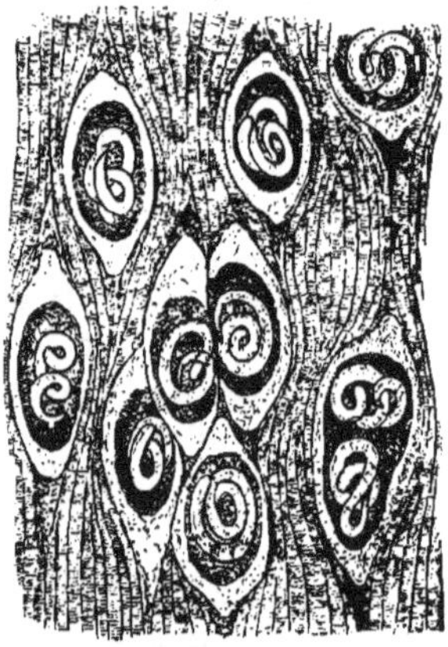

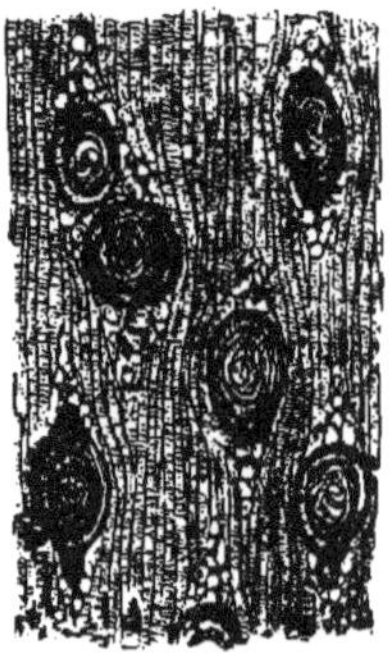

Fig. 1 — nach einem Präparate von einer menschlichen Leiche aus Hedersleben — stellt eine Gruppe von Trichinen dar, deren älteste etwa sieben Wochen alt sein mögen. Die Würmer sind bis auf wenige Ausnahmen schon völlig entwickelt, doch noch ohne Kapsel. Die Stelle derselben wird einstweilen (wie in Tab. II, Fig. 13 und 14) von einer spindelförmigen Erweiterung des sonst fast noch in ganzer Länge vorhandenen Sarcolemmaschlauches eingenommen.

Die Trichinen der Fig. 2 sind einem Schweinchen entnommen, das drei Monate vorher inficirt war. Die Kapsel ist überall vorhanden, aber noch ohne Spur der Verkalkung. Die Sarcolemmaschläuche sind geschwunden. Statt ihrer erkennt man an den Polen der Kapseln eine Anhäufung von Bindegewebe (vergl. Tab. II, Fig. 15 und 16).

Die Fig. 3 zeigt die (etwas schwächer vergrösserten) Trichinen mit verkalkten Kapseln, wie sie bei dem Schweine übrigens nur selten zur Untersuchung kommen. Das Präparat stammt von einem Amerikaner aus Illinois. Die Kapseln haben fast sämmtlich eine Kugelform und zeigen an den beiden Polen Anhäufungen von Fettzellen.

In allen drei Fällen hat eine ziemlich starke Trichinisirung stattgefunden. Wo dieselbe in geringerm Grade geschehen ist, da liegen die Trichinen natürlich in weiteren Abständen oder selbst vereinzelt zwischen den Fleischfasern. Auch sieht man dann nur selten zwei Würmer in derselben Umhüllung, wie das sowohl in Fig. 1, wie Fig. 2 zu beobachten ist.

Hat man den Schnitt fein genug gemacht und gehörig behandelt, dann ist es — bei einiger Bekanntschaft mit dem Objecte — kaum möglich, die Trichinen unter dem Mikroskope zu übersehen. Ja es bedarf dazu nicht einmal eines zusammengesetzten Mikroskopes. Schon eine Stativlupe mit 16 — 25 maliger Linearvergrösserung reicht dazu aus. Allerdings fallen die Trichinen bei Anwendung eines derartigen Instrumentes weniger in die Augen, aber sie erscheinen (namentlich bei der stärkeren Vergrösserung) immer noch gross genug, um nicht bloss deutlich gesehen, sondern auch mit Bestimmtheit erkannt zu werden. Dabei hat die Anwendung der Stativlupe den Vortheil, dass sie sich leichter erlernen lässt, als der Gebrauch des Mikroskopes, das überdiess für den weniger Geübten wegen der Schwierigkeit, die Bilder richtig zu deuten, eine Quelle von mancherlei Irrthümern abgiebt [*]. Die bedeutende Grösse des Gesichtsfeldes, welche weiter zu Gunsten der Lupenvergrösserung spricht, will ich nicht einmal in Anschlag bringen, obwohl das am Ende für die Untersuchung doch auch nicht gleichgültig ist.

Meines Erachtens wird die Stativlupe als Erkennungsmittel der Trichinen bei der Fleischschau bis jetzt noch viel zu wenig berücksichtigt. Wenn man auch dem Mikroskope im Allgemeinen mit Recht den Vorzug giebt, so ist es doch übertrieben, dasselbe als die einzig entscheidende Instanz zu betrachten und unbedingt für Jedermann zu empfehlen. Wer sich nicht in der Lage befindet, dem Mikroskope die Zeit zu widmen, die für die Erlernung des Gebrauches und — was noch viel schwieriger ist -- des mikroskopischen Sehens nothwendig ist, wem es an der gehörigen Anleitung fehlt, oder wer die Ausgabe scheut, die mit der Anschaffung eines guten Mikroskopes [**]) verbunden ist, der greife getrost zur Stativlupe [***]), deren Gebrauch ihn bei einiger Uebung [†]) eben so sicher in den Stand setzen wird, die Trichinen zu erkennen, wie das zusammengesetzte Mikroskop.

Durch gewisse schon früher von mir beschriebene [††]) Manipulationen kann man die Trichinen sogar dem unbewaffneten Auge sichtbar machen, nicht bloss bei der Betrachtung mit durchfallendem Lichte, wie das schon oben (S. 107) kurz erwähnt ist, sondern auch bei gewöhnlicher Beleuchtung.

Es ist zur Genüge bekannt, dass die Trichinen oder richtiger vielmehr die Trichinenkapseln, wenn sie verkalkt sind und dadurch undurchsichtig werden, ohne Weiteres schon dem blossen Auge auffallen. Sie erscheinen als weisse Pünktchen oder Strichelchen, die sich scharf und bestimmt gegen die mehr oder minder rothe Fleischmasse absetzen.

---

[*]) Statt vieler Beispiele hier nur ein einziges. Ein Schullehrer, der sich zum Zwecke der Fleischschau ein Mikroskop angeschafft hatte und eifrigst damit untersuchte, überschickte mir einst eine Portion Maulwurfsfleisch, in dem er mit Hülfe seines Instrumentes zahlreiche „Bandwürmer" aufgefunden habe. Was er dafür gehalten, waren Maulwurfshaare, die bei starker Vergrösserung bekanntlich eine Art Gliederung erkennen lassen und dadurch denn allerdings eine oberflächliche Aehnlichkeit mit einem Bandwurme darbieten. — Bei der grossen Verbreitung, die das Mikroskop in neuerer Zeit gefunden hat, kann nicht genug wiederholt werden, dass der Besitz eines solchen Instrumentes noch Niemand zu einem Mikroskopiker macht.

[**]) Ich kann bei dieser Gelegenheit nicht unterlassen, dringendst vor den sog. Trichinenmikroskopen herumziehender Optiker zu warnen, die für etwa 10 Thlr. zu kaufen sind. Die einzigen Instrumente für diesen Preis, die ich brauchbar finde, sind die von Wasserlein in Berlin, aber auch diese stehen beträchtlich hinter denen zurück, die Optikus Belthle in Wetzlar auf meinen Vorschlag neuerdings für 18 Thaler (2 Oculare, 1 Objectiv mit Vergrösserungen von 50 und 90) anfertigt. (Bei grösseren Bestellungen 10% Rabatt.)

[***]) Herr Belthle verkauft solche Stativlupen (mit 25 maliger Vergrösserung) für den Preis von 5 Thlr. 20 Sgr. Schärfe des Bildes, Grösse des Gesichtsfeldes und Focalabstandes empfehlen dieselben auch für zahlreiche andere Untersuchungen.

[†]) Zum Selbststudium sind gute Probeobjecte von Trichinen auf verschiedenen Entwicklungsstadien unerlässlich. Der Conservator Zinsser am hiesigen zoologischen Institute fertigt deren 4 Stück für den Preis von 1 fl.

[††]) Unsere Zeit a. a. O. S. 647. und (ausführlicher) Archiv für wissensch. Heilkunde Bd. 1. S. 56.

Man erkennt diese Gebilde aber nur dann, wenn sie die hervorgehobene Beschaffenheit besitzen, bei dem Schweine also vielleicht erst später, als nach Jahresfrist, von der Einwanderung an gerechnet. Vor der Verkalkung haben die Kapseln ungefähr dieselbe Durchsichtigkeit, wie die Fleischfasern, und daher erklärt es sich, dass sie für gewöhnlich davon nicht unterschieden werden.

Aber das Verhältniss wird ein anderes, wenn wir das Präparat mit einer corrodirenden Substanz behandeln, welche Kapseln und Fleischfasern in ungleicher Weise angreift. Und solch eine Substanz ist die schon oben von mir für die Herstellung der mikroskopischen Präparate empfohlene Kalilauge.

Um die „Kaliprobe" vorzunehmen, übertrage ich einen Muskelstreifen von etwa einer Linie Breite und Dicke in ein Uhrschälchen, in dem ich denselben sodann mit der Lösung übergiesse. Das Kali dringt von den Rändern her allmählich in die Fleischmasse ein und macht dieselbe weit durchsichtiger, als sie früher war. Die Einwirkung auf die etwa vorhandenen Trichinenkapseln ist weniger intensiv, so dass diese, relativ undurchsichtig, jetzt gleichfalls, wie die verkreideten Kapseln, als weissliche Flecke zum Vorschein kommen. Die Färbung ist allerdings nicht so prononcirt, als bei den verkreideten Kapseln, wesshalb es denn auch zweckmässig erscheint, das Uhrschälchen auf eine dunkle Unterlage zu stellen und dem hellen Lichte auszusetzen.

Hat die Einwirkung der Kalilauge eine längere Zeit gewährt, so verblassen die Kapseln, und damit wird die Erkennung denn natürlich immer schwieriger.

Eine andere in mancher Beziehung noch leichter ausführbare Methode, die Anwesenheit der Trichinen ohne besondere optische Hülfsmittel zu constatiren, besteht darin, einen dünnen Muskelstreifen auf dem Objectträger auszubreiten und trocknen zu lassen, wobei dann die Kapseln als ziemlich resistente Bildungen, unter der Form von kleinen länglich ovalen Erhebungen sichtbar werden.

Aber alle diese Methoden sind blosse Nothbehelfe, die gegen die Untersuchung mit Mikroskop und Lupe an Werth bedeutend zurückstehen. Streng genommen wird uns durch dieselben auch nicht die Existenz der Trichinen kund, sondern zunächst bloss die Existenz von fremden Körpern, welche in die Muskelmasse eingelagert sind und nur mit einer gewissen Wahrscheinlichkeit auf Trichinen bezogen werden.

Gelegentlich giebt es übrigens in dem Fleische der Schweine noch Gebilde anderer Art, die ohne gehörige Kenntniss des Objectes auch bei mikroskopischer Untersuchung zu einer Verwechselung mit Trichinen Veranlassung geben können — und wirklich bereits mehrfach gegeben haben.

Obenan unter diesen Gebilden stehen, weil bei Weitem die häufigsten, die sogen. Rainey'schen Schläuche, deren eigentliche Natur bis jetzt noch nicht vollständig erkannt ist. Man weiss nur so viel, dass dieselben Schmarotzer sind, ob sie aber dem Thierreiche oder dem Pflanzenreiche angehören, dürfte noch immer fraglich sein, wenngleich letzteres vielleicht das wahrscheinlichste ist[*]. Rainey, der diese Gebilde zuerst im Schweine auffand und davon eine sehr genaue Beschreibung geliefert hat[**], hielt sie für die Jugend-

[*] Auch Kühn hat sich neuerdings (a. a. O. S. 74) in diesem Sinne ausgesprochen. Er glaubt dieselben am besten den Chytridieen anreihen zu können und hält sie zunächst verwandt mit Synchytrium de Bary. Zur systematischen Bezeichnung schlägt er den Namen S. (?) Mischerianum vor.

[**] Transact. Philos. Soc. 1857 T. 147. p. 114.

formen der gemeinen Muskelfinne. In England scheint diese Ansicht noch heute ihre Anhänger zu haben, obwohl ich bereits im Jahre 1861*) durch meine Untersuchungen über die Entwicklungsgeschichte der Finne den Irrthum derselben nachwies und die betreffenden Bildungen als identisch mit den von Miescher in den Muskeln der Mäuse, und von Hessling in den Herzen der Schafe, Rinder und Rehe entdeckten „Psorospermienschläuchen" kennen lehrte. Ebenso wurde durch meine Beobachtungen auch zum ersten Male die immense Häufigkeit derselben festgestellt. Fast die Hälfte der von mir untersuchten Schweine waren damit behaftet, bald mit grösseren, bald mit geringeren Mengen. Von anderen Seiten sind ähnliche Angaben über die Häufigkeit der Schläuche gemacht worden; ja es hat sogar den Anschein gewonnen, dass sie an manchen Orten fast bei einem jeden Schweine vorkommen**). Auch die Schafe sind ausserordentlich häufig damit behaftet und zwar nicht bloss im Herzen, sondern auch in den peripherischen Muskeln. Ueberhaupt scheint die Verbreitung der Schläuche eine sehr weite zu sein, wie u. a. auch daraus erhellt, dass Kühn dieselben neuerlich sogar beim Huhn gefunden hat. (Um so auffallender ist der scheinbare Mangel bei dem Menschen.)

Bei näherer Untersuchung ergeben sich diese Gebilde***) als mehr oder minder langgestreckte Schläuche von einer körnigen Beschaffenheit. Die Länge derselben ist verschieden, von 0,3 bis fast 1 Mm. Auch ihr Querdurchmesser wechselt, so dass die Form bald mehr schlank und wurmartig, bald etwas bauchig†) erscheint. Im Allgemeinen überwiegt jedoch der Längendurchmesser um ein Beträchtliches. Wo die Schläuche in grösserer Menge vorhanden sind — und man trifft mitunter Schweine, die in einem kleinen Muskelstückchen deren mehr als ein Dutzend enthalten —, da fällt das Fleisch schon dem unbewaffneten Auge durch ein gestricheltes Aussehen auf. Die Strichelchen stehen in der Richtung des Faserverlaufes und besitzen eine schmutzig weisse Farbe. Man könnte fast an verkalkte Trichinenkapseln denken, wenn die Strichelchen nicht gar zu schlank (mit nur 0,08 Mm. Breite) wären.

Durch Hülfe des Mikroskopes gewinnt man die Ueberzeugung, dass die Schläuche nach Trichinenart in das Innere der Muskelfasern eingelagert sind. Aber die Muskelfasern haben dabei ihre normale Beschaffenheit beibehalten. Oberhalb und unterhalb nicht bloss, sondern auch in der Peripherie der Schläuche erkennt man die gewöhnliche Querstreifung. Nirgends auch nur das

Fig. 4.

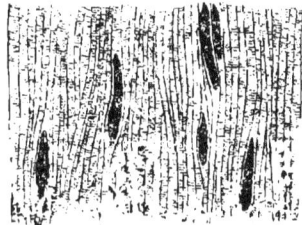

Rainey'sche Schläuche bei etwa 40 facher Vergrösserung.

*) Menschliche Parasiten Bd. 1. S. 238.

**) Herr Dr. Müller in Braunschweig schreibt mir, dass dieselben Winters weit häufiger zur Beobachtung kämen, als Sommers, unstreitig nur desshalb, weil die den Winter über geschlachteten Schweine durchschnittlich älter seien. Uebrigens werden die Schläuche mitunter auch schon bei kleinen sog. Ferkeln gefunden.

***) Man vergl. über diese Bildungen ausser den schon oben erwähnten Mittheilungen in meinem Parasitenwerke besonders Waldeyer, Centralblatt für die med. Wissensch. 1863. N. 54, Rinping, Zeitschrift für ration. Medic. 1864. Bd. 23 S. 140, Virchow, Archiv für path. Anat. 1865. Bd. 32 S. 359, Kühn a. a. O.

†) Die Abbildung, die Virchow (Lehre von den Trichinen S. 23) von den Rainey'schen Schläuchen giebt, stellt einen fast elförmigen Körper dar. Derartige Formen sieht man nur dann, wenn die Muskelfaser, die denselben enthält, zusammengeschnurrt ist. Im Normalzustande sind die Schläuche beständig länger und schlanker.

geringste Zeichen, dass die Schläuche reizend oder gar zerstörend auf ihre Umgebung eingewirkt hätten.

Die körnige Masse im Innern der Schläuche besteht aus einer Unzahl kleiner nierenförmiger Körperchen, die eine grosse Aehnlichkeit mit den Sporen gewisser Pilze haben. Trotz mancherlei Formabweichungen sind dieselben so charakteristisch gestaltet, dass es kaum begreiflich ist, wie man sie gelegentlich mit jungen Trichinen verwechseln konnte, hinter denen sie auch an Grösse (0,005 Mm.) beträchtlich zurückbleiben. Die abgerundeten Enden lassen je ein glänzendes Körnchen durchschimmern. In der Regel sind die Körperchen übrigens nicht gleichmässig durch den Innenraum der Schläuche verbreitet, sondern gruppenweise in einzelne grössere (0,025 Mm.) Blasen oder Zellen eingeschlossen, die man mitunter schon in unverletzten Schläuchen ganz deutlich gegen einander sich absetzen sieht.

Die Aussenwand wird von einer hellen Cuticularschicht gebildet, die eine ziemlich ansehnliche Dicke hat und von zahlreichen Porenkanälen durchsetzt ist. So wenigstens verhält es sich in vielen Fällen, während in anderen auf der dann dünnern Cuticula ein dichter Besatz von starren Stäbchen *) aufsitzt, die, gleich den entsprechenden Bildungen auf dem Cuticularsaume der Darmhautzellen, wohl nur durch Zufall aus der früher zusammenhängenden Cuticularsubstanz hervorgegangen sind.

Obwohl diese Schläuche, wie bemerkt, oft massenhaft **) in den Schweinen gefunden werden, scheint die Gesundheit der Träger doch kaum darunter zu leiden. Eben so wenig wissen wir von irgend welchen schädlichen Folgen, die der Genuss solchen Fleisches für den Menschen gehabt habe.

Die Entwicklungsgeschichte und Uebertragungsweise ist gleichfalls bis jetzt fast völlig unbekannt. Nach einem beiläufig angestellten Experimente ***) scheint es mir übrigens nicht unmöglich, dass die oben beschriebenen nierenartigen Körperchen sich zu neuen Schläuchen entwickeln, nachdem sie — vielleicht durch eine nach Amoeboidenart stattfindende Bewegung — vom Darmkanale aus den Weg in die Muskelsubstanz gefunden haben. Das Experiment bestand darin, dass ich einem Schweine, welches, nach der Beschaffenheit eines ausgeschnittenen Fleischstückes zu urtheilen, der Rainey'schen Schläuche entbehrte, nach und nach etwa 5 Loth inficirten Fleisches zu fressen gab. Als das Schwein dann 6 Wochen nach der letzten Fütterung — vielleicht 10 Wochen nach der ersten — geschlachtet wurde, zeigten sich die Muskeln mit zahlreichen Schläuchen besetzt, die eine erst wenig ansehnliche Grösse hatten.

Ein anderes Vorkommniss, das ohne genauere Untersuchung gleichfalls leicht zu einer Verwechslung mit Trichinen veranlassen könnte, habe ich bis jetzt bloss in geräucherten Schinken beobachtet †). Man sieht die Fleischmasse derselben bisweilen mit weissen Flecken

---

*) Die Ansicht von Virchow (a. a. O.), dass diese Stäbchen von anhängenden Fleischtheilchen herrührten, muss ich, trotz der Beistimmung Kühn's, für irrig halten.

**) Virchow giebt an (Lehre von den Trichinen S. 22), Fleisch gesehen zu haben, welches so vollgestopft von ihnen war, dass nahezu die Hälfte der Masse aus den Psorospermienschläuchen bestehen mochte.

***) Menschliche Parasiten Bd. I. S. 240 Anm. Wenn Virchow gegen meinen Versuch einwendet, „dass hier wohl nur eine Verwechselung mit schon vorhandenen Schläuchen vorliege", so darf ich mich dem gegenüber darauf berufen, dass ich, wie auch oben bemerkt, die Muskelsubstanz meines Versuchsthieres vor Einleitung des Experimentes untersucht und von Schläuchen frei befunden hatte.

†) So namentlich in einem Falle, der mir von Herrn Dr. Kühtze in Crefeld zur Beurtheilung zugeschickt war.

durchsetzt, die von 0,3 bis 1 und 2 Mm., ja hier und da sogar bis 4 Mm. messen und je nach Umständen und Lage bald dicht neben einander stehen, bald auch durch grössere Zwischenräume von einander getrennt sind. Obwohl sich die Flecke von der rothen Unterlage sehr deutlich absetzen, sind sie doch an den oft strahlig ausgezackten Rändern nur wenig scharf begrenzt. Sie werden von einer bröcklichen Substanz gebildet, die sich bei der Behandlung mit den Präparirnadeln in längere oder kürzere Fasern von verschiedener Dicke auflöst. Das Mikroskop zeigt dieselben gefüllt mit einer dichten Masse vielfach verfilzter dünner Spiesse, die eine so frappante Aehnlichkeit mit den bekannten Stearin- und Margarinkrystallen haben, dass ich an einer Uebereinstimmung mit diesen Bildungen kaum zweifle *). Bei Zusatz von Salzsäure sieht man diese Gebilde von den Rändern her allmählich — ohne Gasentwicklung — verblassen und verschwinden **), gleichzeitig aber an den Fasern eine so deutliche und schöne Querstreifung auftreten, dass dieselben auf den ersten Blick als Muskelfasern erkannt werden.

Fig. 5.

Stearinanhäufungen (?) aus Westphälischem Schinken, etwa 40 fach vergrössert.

Hat man einmal die Ueberzeugung gewonnen, dass es sich in diesen Fällen um mikroskopische Krystalle handelt, die massenweise in sonst normale Muskelfasern eingelagert sind und diese völlig undurchsichtig machen, dann findet man auch an den zur Untersuchung angefertigten dünnen Schnitten mancherlei Beweise für die Richtigkeit der Deutung. Die oben erwähnte strahlige Beschaffenheit der Flecke rührt, wie man jetzt erkennt, nur daher, dass diese Krystalle sich an den Rändern weniger dicht zusammenhäufen und, an Masse allmählich abnehmend, sich eine Strecke weit in die sonst unveränderten Muskelfasern hinein fortsetzen.

Vielleicht, dass diese Flecke, die doch wahrscheinlicher Weise erst durch die chemischen Vorgänge des Räucherungsprocesses entstanden sind, auch später noch mit der Zeit an Grösse zunehmen.

In den mir bekannten (drei) Fällen ist der Schinken ohne irgend welchen Nachtheil für die Gesundheit verzehrt worden.

Man muss sich übrigens hüten, die in dem Schinkenfleische etwa vorkommenden weissen Flecke sämmtlich für derartige Krystallanhäufungen zu halten. Mitunter trifft man darin auch Gebilde ganz anderer Art, scharf umschriebene Knötchen von Stecknadelkopfgrösse und darüber, die von einer ziemlich derben Bindegewebshaut umgeben sind und eine mehr oder minder verkalkte bröckliche Substanz in sich einschliessen.

Dieselben Gebilde sind mir auch in frischem Fleische mehrfach (u. A. von Dr. Wiederhold aus Cassel und Dr. Rupprecht aus Hettstädt) zur Untersuchung eingesendet. Sie zeigen in diesem Zustande wesentlich dieselben Charaktere, nur dass sie grösser sind (bis 4 Mm. im längeren Durchmesser) und in der Inhaltsmasse ausser den Kalkconcretionen

*) Der Krystallform nach könnte man übrigens auch an Tyrosin denken.
**) Wenn man das Fett als „unlöslich" in Salzsäure bezeichnet, so gilt das, wie ein erfahrener Chemiker mich versichert, doch nur für grössere Massen. Kleine Quantitäten, die eine relativ grosse Berührungsfläche besitzen, zeigen gegen die genannte Säure ein anderes Verhalten.

und zahlreichen Fettkörnern deutliche Zellen und Zellenüberreste erkennen lassen. Ein
Theil der Zellen erinnert durch (Grösse und) körniges Aussehen an Eiterzellen, wie denn
überhaupt die ganze Inhaltsmasse durch ihre käsige Beschaffenheit und die beginnende Verkalkung zur Genüge beweist, dass es sich hier um eine Substanz handelt, die dem Rück-
bildungsprocesse anheimgefallen ist.

Bei meinen Cestodenuntersuchungen sind mir derartige Gebilde bei verschiedenen
Versuchsthieren sowohl in den Muskeln, wie auch in anderen Organen so häufig begegnet,
dass ich nicht das geringste Bedenken trage, dieselben als Finnenbälge in Anspruch zu
nehmen. Allerdings ist es mir niemals gelungen, eine Finne im Innern derselben aufzufinden, aber dafür repräsentiren die Bälge in der hier vorliegenden Form auch keineswegs
den normalen Zustand. Es beweist das schon die massenhafte Ansammlung und der Zerfall
der eingeschlossenen Substanz, die im Normalzustande eine dünne Zellenschicht repräsentirt,
welche fast epithelartig an der Wand der Kapsel hinzieht.

Besonders frappant ist die Aehnlichkeit mit den Finnenbälgen, die man drei bis vier
Wochen nach der Fütterung mit Taenia Coenurus in den Muskeln der Schaflämmer zur
Beobachtung bekommt. Statt der Finne — die früher, zum Theil noch in der dritten
Woche, als ein helles Bläschen von etwa 1—1,5 Mm. deutlich nachweisbar war — findet
man auch hier im Innern der Bindegewebskapsel nichts anderes, als eine aus zerfallenen
Zellen gebildete käsige Substanz, die allem Vermuthen nach mit der Zeit gleichfalls ver-
kalken wird, wie wir solches nach dem Absterben des Insassen auch bei alten Finnenbälgen
beobachten.

In den Lungen der Kaninchen trifft man schon 14 Tage nach der Fütterung mit
reifen Gliedern des gemeinen Hundebandwurmes (T. serrata) bisweilen verödete Finnenbälge
mit Kalkconcretionen, die, ganz wie die entsprechenden Gebilde aus dem Schweinefleische,
nach Zusatz von Salzsäure lebhaft aufbrausen. Durch Kühn ist in den letzteren auch
Phosphorsäure nachgewiesen [*]). Ob das Vorkommen derselben constant ist, muss erst durch
weitere Untersuchungen festgestellt werden. Auch die Menge der abgelagerten Kalksalze
zeigt manche Verschiedenheiten. Voraussichtlich wird dieselbe mit dem Alter der Kapseln
allmählich zunehmen.

Dem Genuss eines derartigen Fleisches dürfte kaum irgend ein gegründetes Bedenken
entgegenstehen, wie sich derselbe denn auch wirklich in mehreren Fällen (z. B. in dem von
Rupprecht) als durchaus unschädlich erwiesen hat.

Uebrigens sind es nicht bloss die Finnen des Schweinefleisches, die gelegentlich in
Masse — vielleicht sämmtlich — absterben und zur Bildung von eingekapselten Concretionen hinführen. Auch die Trichinen haben unter gewissen, einstweilen noch unbekannten Verhältnissen das gleiche Schicksal.

Wir haben oben (S. 66) einen Fall kennen gelernt, in dem diese Parasiten noch
vor vollständiger Ausbildung der Schale zum grossen Theil zu Grunde gegangen waren.
Die umgebende Bindesubstanz besass eine ungewöhnliche Dicke, während die Würmer im

---

[*]) Kühn hält diese Bildungen übrigens nicht für Finnenbälge mit früh abgestorbenen Insassen, sondern für
krankhafte Neubildungen (a. a. O. S. 72). Aehnlich haben sich in dem oben erwähnten Wiederhold'schen Falle
Krause und Vogel ausgesprochen, während Claus und Küchenmeister die auch damals schon von mir ver-
tretene Ansicht theilten. Vergl. Archiv für patholog. Anat. 1864. Bd. 33. S. 549. (Krause sah darin verkalkte
Lipome und Vogel Produkte einer längst abgelaufenen diffusen Muskelentzündung.)

Innern ein glasiges Aussehen hatten, auch zum Theil in Stücke zerfallen und derart verändert waren, dass man ohne Weiteres kaum im Stande gewesen sein würde, sie als Trichinen zu erkennen.

Der damalige Befund ist nicht vereinzelt geblieben.

Herr Tiemann aus Breslau übersandte mir vor einigen Wochen Fleischproben eines Trichinenschweines, dessen Parasiten sämmtlich, so viel ich deren sah — sie waren im Ganzen nur spärlich vorhanden — die gleiche Beschaffenheit besassen. Die Würmer waren abgestorben und von einer dicken Bindegewebshülle umgeben, die eine bald mehr ovale, bald auch spindelförmige Gestalt hatte, dabei aber nur unvollständig gegen die benachbarte Bindesubstanz sich absetzte.

Fig. 6.

Unterhalb dieser Hülle erkannte man in manchen Fällen noch eine deutliche Kapsel ohne Kalkablagerung, die auf ein Alter von etwa 3½ Monaten hindeutete. In anderen Fällen war die Kapsel geschwunden, aber die Trichinen lagen dafür in einem hellen Raume, der durch Form und Grösse eine unverkennbare Aehnlichkeit mit der gewöhnlichen Kapsel darbot. Die Begrenzung dieses Raumes verhielt sich verschieden. Sie war bald scharf gezeichnet, so dass man vielleicht immer noch auf die Existenz einer besonderen, wenn auch nur zarten und dünnen Kapselwand hätte zurückschliessen können, bald aber mehr oder minder vollständig verwischt, als wenn die Bindegewebsmasse von Aussen in den Kapselraum hinein gewuchert wäre.

Die eingeschlossenen Trichinen hatten ihre Wurmform meist noch unverändert beibehalten, zeigten aber sonst mancherlei auffallende Eigenthümlichkeiten. Nicht bloss in der Haltung des Körpers, der statt der regelmässigen Spiralwindungen oftmals eine ungewöhnliche Streckung oder einfache Schlingenform zur Schau trug, sondern namentlich in Betreff

Abgestorbene Trichinen bei etwa
35 maliger Vergrösserung.

des optischen Verhaltens. Von einigen wenigen stark verblassten Exemplaren abgesehen besassen die Trichinen sämmtlich dasselbe glasige Aussehen, das wir schon bei Gelegenheit des früheren Falles hervorheben mussten. Bald war es der ganze Leib, der diese Beschaffenheit zeigte, bald nur ein Theil von mehr oder minder grosser Ausdehnung. Bisweilen unterschied man auch mehrere Verglasungspunkte in demselben Wurme. Wo die Verglasung eben begann, waren bloss einzelne stark lichtbrechende Körner in die Leibesmasse eingelagert. In anderen Fällen sah man diese Körner sich allmählich vergrössern und zusammenfliessen, bis der ganze Leib vielleicht in eine einzige homogene Masse verwandelt war.

Als ich diese Veränderungen zuerst beobachtete, glaubte ich die verschiedenen Stadien eines Verkalkungsprocesses vor Augen zu haben. Aber trotzdem handelte es sich zunächst nur um eine Verfettung. Ein Tropfen Salzsäure liess die scheinbar verglasten Körper allerdings verblassen, aber keine Gasblasen frei werden, wie es doch bei abgelagerten Kalksalzen hätte der Fall sein müssen. Wäre das Schwein einige Zeit später zur Beobachtung gekommen, so würde man wahrscheinlicher Weise auch die Ablagerung von

Kalksalzen haben constatiren können — wissen wir doch, dass der Verkalkung sehr allgemein eine Verfettung vorausgeht.

Virchow hat ganz ähnliche Zustände bei dem Menschen beobachtet und in einem Falle (wie oben S. 66) neben den „todten und versteinerten" Trichinen auch noch lebende und nicht verkalkte aufgefunden.

Dass dieser Verkalkungsprocess aber noch weiter gehen kann, beweist ein Fall, der im December 1864 von Müller in Braunschweig aufgefunden worden*) und Virchow wie mir zur Begutachtung unterbreitet wurde. Virchow hat denselben bereits kurz beschrieben**) und dabei hervorgehoben, dass es wahrscheinlich gleichfalls ein Fall von abgestorbenen und verkalkten Trichinen sei, der hier vorliege. Ich glaube im Stande zu sein, diese Vermuthung zur Gewissheit zu erheben.

Es waren weisse Flecke von spindelförmiger Gestalt und einer Länge von meist reichlich einem Millimeter, die ziemlich vereinzelt zwischen die Muskelfasern eingelagert waren. Bei mikroskopischer Untersuchung erkannte man darin eine Anzahl grösserer und kleinerer meist sehr scharfkantiger Kalkconcremente, die bei Zusatz von Salzsäure stark aufbrausten und in eine dicke Bindegewebshülle eingelagert waren. Eine eigentliche Schale war nirgends zu unterscheiden, wohl aber fand ich einzelne Exemplare, bei denen die Concremente in einem scharf nach aussen begrenzten Hohlraume lagen, der die Form und

Fig. 7.

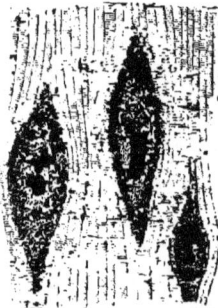

Eingekapselte Kalkconcretionen, von abgestorbenen Trichinen herrührend, etwa 30 Mal vergrössert.

Grösse der gewöhnlichen Trichinenschale besass und ganz dasselbe Bild bot, das wir in unverkennbaren Trichinenfällen oben schon mehrfach beschrieben haben.

Wo dieser Hohlraum noch deutlich erkannt wurde, besass die Bindegewebshülle eine verhältnissmässig nur geringe Dicke, wie denn auch die Kalkconcremente in solchen Fällen gewöhnlich nur eine einzige zusammenhängende Masse darstellten. Die ursprüngliche Form des Trichinenleibes liess sich freilich auch hier nirgends mehr nachweisen, selbst nicht nach Auflösung der Kalksalze, aber auch ohne diesen Nachweis werden wir nach dem Voranstehenden über die Beziehungen dieses Falles wohl nicht länger im Zweifel sein.

Wie die Trichinenkapsel durch das wuchernde Bindegewebe erdrückt wurde, ebenso ist auch der Leib des Wurmes durch den Verkalkungsprocess zur Unkenntlichkeit verändert. Derselbe war gewissermaassen nur der Ausgangspunkt der Kalkablagerung, die ihrerseits dann selbstständig fortschritt, ohne durch die ursprünglichen Formen irgendwie bestimmt zu werden. Wo statt eines einzigen zusammenhängenden Concrementes deren mehrere vorkommen, da waren entweder von Anfang an mehrere Verkalkungspunkte vorhanden, oder es ist die ursprünglich einfache Masse in mehrere Stücke zerbrochen, die dann vielleicht selbstständig weiter wuchsen. Aehnliches ist mitunter auch da zu beobachten, wo nach langjährigem Bestande der Trichinen die Verkalkung von der Kapselwand

---

*) Nach Herrn Dr. Müller scheint diese Bildung bei dem Schweine nicht allzu selten zu sein. Derselbe giebt an, binnen 2 Monaten 2 Mal dieses Vorkommniss beobachtet zu haben.

**) Archiv für patholog. Anat. Bd. 32. S. 341.

auf den Wurmkörper überging, wie das schon von Bristowe und Rainey vor längerer Zeit beschrieben wurde.

Der hier vorliegende Process ist nur insofern verschieden, als er bald nach der Einwanderung der Würmer anhob und dieselben schon frühe, vielleicht noch vor vollständiger Consolidation der Kapsel, zum Untergang brachte.

Fragt man, wie sich diese verkalkten Trichinen von den verkalkten Finnen unterscheiden, dann dürfte die Antwort darauf nicht allzu schwer sein.

In beiden Fällen handelt es sich allerdings um fremde, zwischen die Muskelfasern eingelagerte Körper, die Concretionen von kohlen- (und phosphor-) saurem Kalke in sich einschliessen.

Aber nicht bloss, dass die verkalkten Finnen eine beträchtlichere Grösse besitzen oder doch wenigstens zu einer beträchtlicheren Grösse heranwachsen, auch insofern besteht zwischen beiderlei Bildungen ein Unterschied, als die Concretionen der Trichinenbälge vollkommen frei im Innern der umhüllenden Bindesubstanz vorkommen, während die der Finnenbälge daneben noch eine mehr oder minder beträchtliche Masse käsiger (durch Zerfall von Zellen entstandener) Substanz umschliessen. Die Unterschiede entsprechen den Differenzen, die auch im Normalzustande zwischen den Trichinenkapseln und den Finnenbülgen obwalten, entsprechen namentlich der Thatsache, dass unterhalb der Bindegewebshülle der letzten eine Epithellage hinzieht, die den Trichinenkapseln abgeht. Diese Epithellage ist es, die durch abnorme Wucherung und Zerfall die käsige Inhaltsmasse liefert und schliesslich auch die Kalkablagerung veranlasst, während die Verkalkung in den Trichinenbälgen, wie oben nachgewiesen, von dem Thierkörper ausgeht, also eine durchaus abweichende Entstehung hat.

Das Fleisch, das mit abgestorbenen und verkreideten Trichinen durchsetzt ist, muss natürlich als verdächtig gelten, da es ja immerhin möglich ist, dass darin noch lebendige Parasiten zurückgeblieben sind. Sollten diese jedoch nach wiederholter sorgfältiger Untersuchung überall vermisst werden, dann steht dem Vertrieb desselben wohl kaum ein Hinderniss im Wege. Man darf es dann dem Fleische gleichstellen, das bei der Trichinenschau überhaupt keine Parasiten erkennen liess und gewöhnlich geradezu als „trichinenfrei" bezeichnet wird.

Dass diese Bezeichnung auch dann, wenn die Untersuchung auf das Gewissenhafteste angestellt wird, immer nur mit einer gewissen Reservation gebraucht werden muss, wird nach den voranstehenden Bemerkungen keiner besonderen Begründung bedürfen. Streng genommen kann damit nur so viel gesagt sein, dass das betreffende Thier keine grösseren Mengen von Trichinen beherbergt und demnach denn auch ohne besondere Gefahr einer etwaigen Trichineninfection gegessen werden darf.

Ob ein Gleiches auch von denjenigen Schweinen behauptet werden darf, deren Fleisch mit eben erst eingewanderten Trichinen, welche noch nicht eingerollt sind, besetzt ist, stehet dahin. Die Trichinen selbst sind um diese Zeit, wie wir wissen (S. 61), allerdings unschädlich, aber das Fleisch derartiger Thiere enthält ausser den Würmern noch massenhafte Zersetzungsprodukte, die nicht bloss den Nahrungswerth beeinträchtigen, sondern möglicher Weise auch eben so schädlich wirken, wie das von dem Fleische stark gehetzter Thiere bereits mehrfach beobachtet ist. Jedenfalls dürfte es gerathen sein, das Fleisch solcher Schweine bis auf Weiteres als verdächtig zu cassiren.

118

Die jungen Trichinen wird man am ehesten an den Schnitträndern der Fleischproben auffinden, wo sie durch den Druck des Deckgläschens mit der Inhaltsmasse der veränderten Muskelfasern nach aussen aus den Sarcolemmaschläuchen hervorgetrieben werden.

Was die Häufigkeit der Trichinenschweine betrifft, so lässt sich diese bis jetzt noch nicht durch eine auch nur annäherungsweise sichere Durchschnittszahl ausdrücken. Mit Berücksichtigung der in der Stadt Braunschweig gemachten Erfahrungen hat man wohl angenommen, dass auf je etwa 11—12000 Schweine ein derartiges Individuum komme, allein diese Erfahrungen sind doch allzu local und auch noch viel zu spärlich (auf nur etwa 22000 Einzelfälle begründet), als dass eine Verallgemeinerung der Resultate zulässig wäre. Und selbst für Braunschweig erscheint diese Annahme als zu gering, da unter den Trichinenschweinen nur die mit lebenden Parasiten gezählt sind, die mit abgestorbenen und verkreideten Trichinen aber ohne Berücksichtigung blieben.

Der bloss locale Werth derartiger Erfahrungen ergiebt sich am ·besten aus der Thatsache, dass in dem gleichfalls zu Braunschweig gehörenden Städtchen Blankenburg unter kaum 2000 Schweinen 3 trichinenhaltige aufgefunden wurden*). Freilich ist dieser Ort, wie wir wissen, mehrfach von der Trichinenkrankheit heimgesucht und in der Nähe von Hedersleben, Burg, Magdeburg, Calve u. s. w. an der Grenze jenes Districts gelegen, den zahlreiche traurige Erfahrungen geradezu als einen Lieblingssitz der Trichinen kennzeichnen**).

Aber auch aus anderen und zum Theil sehr entlegenen Gegenden unseres deutschen Vaterlandes hören wir seit der Einrichtung der mikroskopischen Fleischschau vielfach von aufgefundenen Trichinenschweinen. Es vergehen kaum einige Wochen, ohne von hier oder dort eine solche Meldung zu bringen — ja mitunter häufen sich diese Nachrichten sogar (wie z. B. aus Cassel) in wahrhaft erschreckender Weise.

Einer vollständigen Freiheit von Trichinen dürfte sich wohl kein Land und keine Stadt zu berühmen haben — es müsste denn sein, dass sich keine Schweine und keine Ratten darin vorfänden. Auch da, wo das Uebel bis jetzt noch nicht zum Ausbruch gekommen, droht es immerfort. Es kann tagtäglich über uns hereinbrechen. Vorsicht ist überall am Platze: Belehrung, sorgsame Bereitung der Fleischwaaren, Trichinenschau, das sind die Mittel, mit denen allein man der Gefahr begegnen kann.

*) So nach den Angaben des Herrn Obermedicinalrath Dr. Engelbrecht in Braunschweig, dem ich auch die oben für die Stadt Braunschweig angeführten Daten verdanke.
**) Aus dem gleichfalls diesem Districte zugehörenden Städtchen Stolberg erfahre ich so eben durch Herrn Dr. Ficinus, dass derselbe bei den — daselbst vielfach zur Nahrung dienenden — Füchsen bereits drei Mal Trichinen aufgefunden habe. Ebenso ein Mal bei dem Marder (vergl. S. 71 u. 72).

Resultate*).

1. Trichina spiralis ist der Jugendzustand eines bisher unbekannten kleinen Rundwurmes, dem der Genusname Trichina verbleiben muss.

2. Die geschlechtsreife Trichina bewohnt den Darmkanal zahlreicher warmblütiger Thiere, besonders Säugethiere (auch des Menschen) und zwar gewöhnlich in sehr beträchtlicher Menge. Ihre Lebensdauer beträgt etwa 4 (bis 5) Wochen.

3. Schon am zweiten Tage nach der Einwanderung erreicht die Darmtrichine ihre volle Geschlechtsreife.

4. Die Eier der weiblichen Trichine entwickeln sich in der Scheide der Mutter zu filarienartigen, winzigen Embryonen, die vom sechsten Tage an ohne Eihülle geboren werden. Die Zahl der Jungen beträgt für jede Muttertrichine mindestens 12 — 1500.

5. Die neugebornen Jungen begeben sich alsbald auf die Wanderung. Sie durchbohren die Wandungen des Darmes und gelangen durch die Leibeshöhle hindurch direct in die Muskelhülle ihres Trägers, wo sie sich, falls die Bedingungen sonst günstig sind, zu der bekannten Form der Muskeltrichine entwickeln.

6. Die Wege, auf denen sich dieselben bewegen, sind durch die intermuskuläre Bindesubstanz vorgezeichnet.

7. Nur das quergestreifte Muskelgewebe (mit Ausnahme gewöhnlich des Herzens) enthält Trichinen. Die Zahl derselben nimmt im Allgemeinen mit der Entfernung von der Leibeshöhle ab, ist aber in der vordern Körperhälfte grösser, als in der hintern.

8. Die Embryonen dringen in das Innere der einzelnen Muskelbündel und erreichen hier schon nach 14 Tagen die Grösse und Organisation der bekannten Trichina spiralis.

9. Das inficirte Muskelbündel verliert nach dem Eindringen des Parasiten sehr bald seine frühere Structur. Die Fibrillen zerfallen in eine feinkörnige Substanz, während die Muskelkörperchen sich massenhaft vermehren.

10. Das die inficirten Muskelfasern umspinnende Bindegewebe beginnt stark· zu wuchern.

11. Bis zur vollen Entwicklung der jungen Trichinen behält das inficirte Muskelbündel seine ursprüngliche Schlauchform, während später sein Sarcolemma sich verdickt und von den Enden her zu schrumpfen beginnt.

---

*) Grossentheils wörtlicher Abdruck aus den Nachrichten von der G. A. Universität und der königl. Gesellschaft der Wissenschaften 1860. Nr. 13 (d. d. 1. April).

12. Die von dem zusammengerollten Parasiten bewohnte Stelle wird zu einer spindelförmigen Erweiterung, und in dieser bildet sich dann unter dem verdickten Sarcolemma durch peripherische Erhärtung der körnigen Substanz die bekannte citronförmige oder kuglige Cyste.

13. Die Verkalkung der Cyste beginnt erst mehrere Monate nach der Einwanderung der Muskeltrichinen.

14. Die Weiterentwicklung der Muskeltrichinen zu geschlechtsreifen Thieren ist von der Bildung der Kalkschale unabhängig und geschieht, sobald die ersteren ihre Ausbildung erreicht haben.

15. Unreife Mukeltrichinen sind nicht infectionsfähig.

16. Männliche und weibliche Individuen sind schon im Jugendzustande (bei den Muskeltrichinen) zu erkennen.

17. Die Wanderung und Entwicklung der Embryonen geschieht auch nach Uebertragung trächtiger Trichinen in den Darm eines neuen (geeigneten) Wirthes; jedoch ist diese Art der Uebertragung im Ganzen nur selten und nur wenig sicher.

18. Die massenhafte Uebertragung von Muskeltrichinen führt (besonders bei dem Menschen) eine bedenkliche Erkrankung (Trichinose) herbei, die durch die Anhäufung der Würmer im Darme und die Wanderungen ihrer zahlreichen Nachkommenschaft bedingt wird. Gastrische Störungen, Muskelerscheinungen (Lähmung und Schmerz), typhoides Fieber bilden die wesentlichsten Zeichen dieser Krankheit.

19. Die Infection des Menschen mit Trichinen geschieht gewöhnlich durch das Schwein.

20. Die Muskeltrichinen sind so resistenzfähig, dass sie durch die üblichen Proceduren des Bratens, Kochens, Pökelns und Räucherns keineswegs in allen Fällen getödtet werden.

21. Das Schwein erhält die Trichinen in der Regel von der Ratte, die wir als den natürlichen Träger dieser Parasiten zu betrachten haben.

22. Als öffentliches Schutzmittel gegen die Trichinengefahr ist die mikroskopische Fleischschau dringendst zu empfehlen.

Tafelerklärung.

Tab. I.

Tab. II.

Gedruckt bei E. Polz in Leipzig.

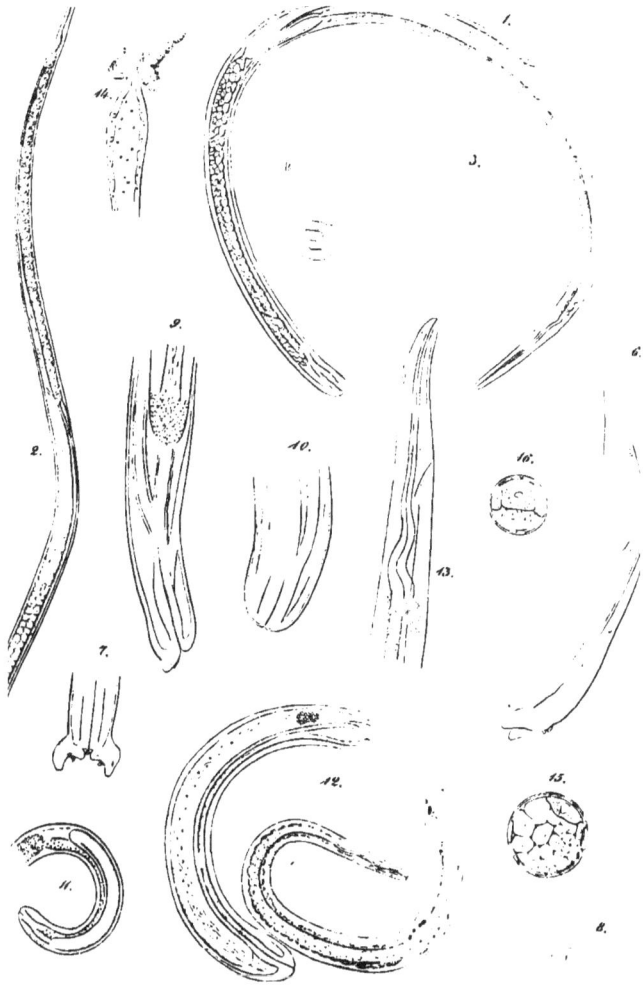

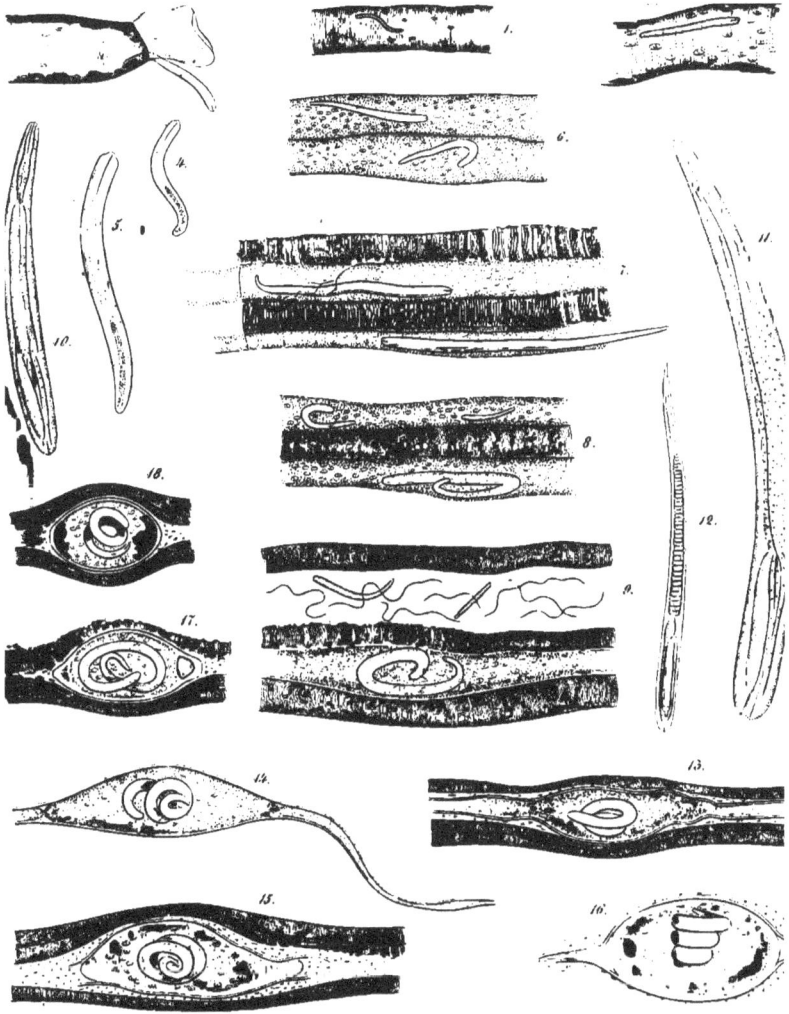

www.ingramcontent.com/pod-product-compliance
Lightning Source LLC
Chambersburg PA
CBHW021936190326
41519CB00009B/1034